MOTHERS
WHO CAN'T
LOVE
A Healing Guide for
Daughters

母女 关系

如何抚平来自母亲的创伤

（美）苏珊·福沃德 唐娜·弗雷泽◎著

蓝澜◎译

化学工业出版社
·北京·

北京市版权局著作权合同登记号：01-2018-5731

图书在版编目（CIP）数据

母女关系：如何抚平来自母亲的创伤 /（美）苏珊·福沃德（Susan Forward），（美）唐娜·弗雷泽（Donna Frazier）著；蓝澜译 .—北京：化学工业出版社，2024.1
书名原文：Mothers Who Can't Love: A Healing Guide for Daughters
ISBN 978-7-122-44413-4

Ⅰ.①母… Ⅱ.①苏… ②唐… ③蓝… Ⅲ.①女性心理学 - 亲子关系 Ⅳ.①B844.5

中国国家版本馆 CIP 数据核字（2023）第 214582 号

责任编辑：李　壬
责任校对：边　涛　　　　　　　　　　　内文排版：蚂蚁王国

出版发行：化学工业出版社（北京市东城区青年湖南街 13 号　邮政编码 100011）
印　　装：三河市双峰印刷装订有限公司
880mm×1230mm　1/32　印张 10　字数 200 千字　2024 年 6 月北京第 1 版第 1 次印刷

购书咨询：010-64518888
售后服务：010-64518899
网　　址：http://www.cip.com.cn
凡购买本书，如有缺损质量问题，本社销售中心负责调换。

定价：58.00 元　　　　　　　　　　　　　　版权所有　违者必究

致我的宝贝女儿

——

温迪

MOTHERS WHO CAN'T LOVE

A Healing Guide for Daughters

目录

第二部分   治愈来自母亲的创伤

当时，我正在威斯康星州出差。在房间里待了一上午之后，我很想出去透透气。那天太阳很好，所以尽管屋外很冷，午休时间我还是决定去散会儿步。我努力想要找到阳光最充足的地方，但可恶的是，太阳和平时一样高高挂在天上，无比明亮，却没有散发出一丝一毫的温暖。这时，悲伤像潮水一般涌上心头，我感觉自己被湮没其中——因为这太阳就像我的妈妈。

海瑟是一家大型医药公司的销售代表，34岁，个子娇小的她在讲述自己的故事时，总是止不住泪水。她正怀着她的第一个孩子，却满怀恐惧，担心自己会变得和她的母亲一样。

海瑟："相当长一段时间里，我连想都不敢想自己会成为一个妈妈。在谈了几次糟糕的恋爱之后，我和吉姆走到了一起，我真的觉得自己很幸运，原来有人会真正爱我。我们计划要孩子已经很久了，但我很怕自己有什么地方不正常。我怕我遗传了母亲的冷漠，一旦怀孕，它们也会随之被释放出来。想到我可能会这样对待自己的孩子，我就无法忍受。"

我不断地从女性当事人那里听到这类悲伤的故事，因为母亲让她们承受了很深的感情创伤，于是在成长过程中，痛苦、恐惧和焦虑一直和她们相伴随行。

作为一名临床经验超过三十五年的心理治疗师，我见过很多像海瑟这样的女性，她们自知或不自知地，陷在以母亲为中心的破坏性感情旋涡中，挣扎着想要逃离。她们来参加心理治疗，有的是因为焦虑症，有的是因为抑郁症，有的是因为人际关系问题，有的是缺乏自信，还有的是因为担心自己是否能坚守自我，甚至是否能去爱人。有的人能把生活中的困难和母女关系联系起来，而有的会提到"我妈妈快把我逼疯了"，却认为这只是她们来找我的次要原因。

通常，她们会试着厘清那些让人困惑且混乱的思绪，希望证明"自己的痛苦源于过去"的想法是错误的。

我想了解更多海瑟所说的对成为母亲的恐惧，因此我让她向我详细描述她所担忧的、会施加在自己孩子身上的"遗传自母亲的冷漠"究竟是什么。她踌躇着开了口。

海瑟："我妈妈就像个双面人——她会给我办生日派对，有时会去参加学校的活动，她甚至对我的朋友也很好。不过，她还有另外一面……"

"那是什么样的？"我问。

海瑟："她总是批评我，不过实话告诉你吧，大多数时候她都无视我，仿佛我根本不值得她花时间来关注。我不知道——也许她好的那一面都只是做做样子吧。但我可以告诉你，和她在一起，我半点安全感都没有——我感觉不到母女间的纽带，或是她的半点慈爱……我从没觉得在她心里我是重要的。她对我的态度就是呼之即来、挥之即去。但她的确很忙，你不能责备一位单亲妈妈对孩子不够关心。"

和很多女性一样，海瑟能够坦率地说出曾经的遭遇，她也竭尽全力将这种伤害降到最低。尽管很少感受到母亲的爱，她仍努力让自己相信母亲是爱她的。

怎样才是好母亲

并不是说好母亲就必须是一个完美的人，也不是要求她牺牲自我到殉道般的地步。她有自己的情感负担和创伤，也有自己的需求；她可能有不想让步的事业，因此不一定总能陪伴女儿；她可能会发脾气，对女儿有一些过激的言行，然而过后自己会非常后悔。但只要母亲的主导行为能让女儿肯定自我，让她懂得自尊自重，让她有自信、有安全感，那么无论是不是优秀的母亲，她都很好地完成了自己的使命。她以这种可感受到的、可信赖的方式向孩子表达母爱。

这和海瑟以及其他许多女性所经历的抚养方式截然不同。对海瑟她们来说，爱和关心总是稀有且珍贵的，而这些断断续续又少得可怜的温情随着房门的关上而消失，取而代之的是外人无法看到的：母亲贬低女儿，和女儿较劲，冷冰冰地无视女儿，觉得女儿有所成就全因自己教得好，却完全不会保护女儿，甚至有时会进行虐待。这是爱的表现吗？当然不是。爱应该是持续的稳定的，而这种养分对海瑟们而言极度匮乏。

缺失母爱的高昂代价

这种成长方式给孩子带来的是痛苦和创伤。女孩们的成长蜕变，与她们对母亲的定义，以及和母亲之间的联结息息相关。如果母亲谩骂侮辱、挑剔成性、咄咄逼人、沮丧绝望、对孩子疏于照顾或是冷漠以对，这个重要的过程毫无疑问会被扭曲，女孩们就只能独自寻找自我和人生之路。

她们很少会认为母亲不爱自己，更不会认同母亲是有恶意的，这太令人难以接受了，因为孩子的生存仰赖于最重要的监护人，承认这种可能性会让孩子产生严重的焦虑症。对孩子来说，"如果我们之间出了问题，那是因为我犯了错"的这种想法能比其他认知让她觉得更安全。当母亲做出伤人举动时，她反而会自责，并认为是由于自己表现不佳或是出现过错，哪怕她长大成人，哪怕她获得巨大的成就，哪怕她被包括自己的孩子在内的众人所爱，这种感觉也不会消失。

如果一个女孩从小被不爱她的母亲苛责、忽视、虐待或者否定，长大之后她就会给自己一种心理暗示：我不够好，不值得被爱，不够聪明漂亮、受人欢迎，因此也不配得到成功和快乐。会有一个声音一直在她心中低语：如果你真的值得别人尊重和喜爱，那妈妈肯定也会这么待你。

如果你是那个小女孩，无法从母亲那里获得所渴求的爱，就会像海瑟这样，经历的每一天都欠缺自信，觉得空虚又悲伤。你从未能真正地接纳自己，可能还会质疑自己爱人的能力。你也没法全心融入生活，除非母亲划下的那道深深的伤口得到治愈。

我为什么现在写这本书

和海瑟的对话让这些令人痛苦的现实又重现在眼前，心理咨询结束之后过了很久，我仍会常常想到她。在我看来，海瑟非常聪颖、有魅力、事业有成，但她几乎看不到自己的这些优点。她质疑自己爱人和被爱的能力，我还发现她在怀疑自身的存在，总认为自己有哪里不对劲，尽管事实往往与她的猜疑相反。即使有自我认知的能力，34 岁的她仍然期待母亲能够认可和赞同自己，能给自己自信，坚定自己身为女人、妻子和妈妈的信念。但她所期盼的这些很可能永远都得不到。若母女间没有牢固的情感纽带，女儿往往终其一生都在失落感和不安全感中挣扎浮沉，不知所措。

我曾一直专注于透过"完美夫妻"或者"幸福家庭"的表象，剖析并披露人与人之间那些难以启齿的相处真相。在写完《中毒的父母》（Toxic Parents，中文书名也译为《原生家庭》）一书之后，我本以为关于抚养哺育我们的人，我已经知无不言、言无不尽了，但当越来越多的女性来找我倾诉母亲给自己造成的伤痛时，我意识到有必要同几百万女性进行一次女人间推心置腹的谈话，她们一直在与不爱自己的母亲抗争，并承受着母亲给她们的人生带来的深远影响。

另一个促使我下定决心写这本书的主要原因是，尽管早已摆脱母亲带来的焦虑，但直到她去世，我仍未能说服自己写一本书来分析那些爱无能的母亲。通常，我的女性当事人们和父亲的关系也很不愉快，他们自己也存在严重的问题，几乎无法尽到做父亲的责任，毕竟一个健康正常的男人通常不会选择和一位反复无常的女人结合。但正是与母亲之间的情感拉扯，往往在女儿们成家立业孕育下一代的过程中，成为她们要应对的核心情感问题。

如果伴随你成长的是一位爱无能的母亲，那么当你遇到难题时，当你处理情感关系时，当你想要树立自信和自尊时，后遗症就会显现出来。我知道，你可能会觉得挫败、沮丧，也会觉得困惑，但我更希望你知道，在这本书里，我们将一起还原事实，助你得到解脱。

我会一步步引导你重新定义你和母亲之间的关系，重新认识自己，以治愈那些一直以来让你疼痛不已的伤。

从现在起，让我们仔细并坦率地观察母亲的一举一动及其对你产生的影响。阅读这本书时，你会清楚地看到她和你的行为模式。我会提供有用的新策略，让你改变那些一直阻碍着你的信念和行为。我也会帮助你认识到——也许这将是你第一次认识到——父母或他人所给予的真正的爱应该是什么样的。这些策略是一块强大而可信的试金石，它将引导你重建新的生活。

你不能将其称为爱

为了让你能够客观地看待你所得到的母爱，我列出了以下清单。首先，我们来看看当下的情况。

你的母亲是否经常：

～ 贬低你或者批评你？

～ 让你当替罪羊？

～ 事情进展顺利时归功于自己，遇到不如意的事就归咎于你？

～ 认为你无法自己做决定？

～ 在其他人面前和颜悦色，和你独处时却冷若冰霜？

～ 想抢你风头？

～ 想让你按照她的意愿生活？

～ 通过电话、电邮和短信等方式全方位渗透到你的生活中，让你觉得窒息？

～ 直截了当地告诉你或者向你暗示，你是她抑郁、失败、生活不如意的根源？

～ 告诉你或者向你暗示没有你她寸步难行（只有你才能帮她）？

～ 用钱或者和金钱相关的承诺来操控你？

～ 威胁你如果不按照她说的去做就给你好看？

～ 无视或者不重视你的感受和需要？

如果答案是"是"，就表明你的母亲可能是，或者早已是一名"爱无能的母亲"。这些行为也许不是最近才出现的，有可能它们已经搅扰了你的大部分人生。如果你在每个问题前加上一个"是否曾经"，然后回想小时候的情景，你就能看得一清二楚。

通过下面这份清单，你会明白与母亲的关系对自己产生了怎样的影响。

你是否：

～ 想知道你的母亲是否爱你，若她可能不爱你，你会觉得羞愧？

～ 觉得有义务让自己以外的所有人开心？

～ 认为母亲的需求以及对你的期望比你自己的更重要？

～ 认为爱需要你去争取？

～ 认为无论为母亲做多少事情都不够？

～ 认为无论如何都要保护她，哪怕知道她在伤害你？

～ 如果没有遵从其他人，特别是母亲的意愿，你会有负罪感，会觉得自己是坏人？

～ 隐藏自己的生活细节和情感，因为你知道一旦她了解实情，就会用它来对付你？

～ 发现自己在不停地寻求认可？

～ 无论取得多少成就，始终难以摆脱恐惧感、负罪感和无力感？

～ 想知道自己是不是有问题，让你因此无法找到一个爱你的伴侣？

～ 害怕有孩子（如果想要孩子），因为他们将来会"一团糟，就像我一样"？

上述这些感觉和信念的出现，源于母亲施加的伤害，而且这些伤害在孩童时期就已存在。但即便每个问题的答案都是"是"，也请相信你的人生并不会因此就毁了或者无可救药。你可以立即做出一些调整来改变你的生活、你的自我形象和人际关系。

你将会在这本书里看到和自己十分类似的女性。在接下来的内容中，你将看到她们是如何勇敢地直面过去，通过重新认识母亲和自我，对自己的生活做出了巨大的积极改变。我将带着你开展一段治愈之旅，就像在心理治疗时那样，为你提供帮助，让你从在爱无能的母亲身边成长所带来的痛苦中走出来。

本书的结构

本书的前半部分将会介绍五种类型的爱无能母亲。你将会参与到海瑟她们的心理治疗当中，然后你会通过她们的眼睛看到不同类型的母亲的各种行为。你会听到这些女性们描述她们所面临的母女关系问题，以及这些问题对她们后续生活的影响。你也能看到在她们还小的时候面对母亲的无爱行为时曾采取的应对机制，并见证这些行为和信念如何固化成一种充满痛苦的、自暴自弃的模式。

你也会看到一些自己母亲也有的类似行为，曾附着其上的、你一直被告知的借口和理由已被剥离，这样你对母亲就能有进一步的了解。我敢肯定，你也会对自己有更进一步的认识。你很可能会在多个章节里看到与自身体验类似的经历，因为母亲的爱无能会在许多方面体现出来，无论女儿们经历过哪一种不健全的母爱，都会留下同样的伤疤。

在本书的第二部分，我们关注的重点从揭开转向治愈。我将引导你有步骤有策略地改善和母亲的关系，并让自己生活得更好。我们将共同努力，将你的领悟与你的情感相融合，此时你对母亲和自己的认知将会发生深刻的变化。之后，我会介绍一些方法帮助你重拾自信、重铸自尊，并且重新让你认识到你也是值得被爱的。

结合我个人以及其他成千上万女性的经历，我可以告诉你，你不必固执地认为儿时受过的伤是不可治愈的。我保证，当我们一起看完这本书，你将获得一种愉悦的完整感。由内而外地，你将探明那些道路，去通往你渴望已久的自尊、智慧和关爱。

MOTHERS

WHO

CANT LOVE

A Healing Guide for Daughters

第一部分

什么是母亲造成的伤害

第一章

质疑母亲的爱是一种禁忌
——

"你敢说母亲的半句坏话试试。"

我们可能觉得自己生活在一个非常重视心理感受的时代，但即便如此，关于母亲角色的神化依然存在——"母亲"等于爱、保护与关怀。这一迷思极好地掩饰了一些爱无能母亲的行为，使她们在丈夫、其他家庭成员或社会舆论的帮助下总是能继续不当言行而不被批评和审视。

大多数社会对母亲都抱着赞誉的态度，似乎能生就一定会育，可事实并非如此。并不存在那种神奇的"母性本能"开关，一按下去就能保证一个女人，尤其是一个自身饱受困扰的女人，立刻就能和孩子建立情感纽带，了解并回应孩子的需求，给予他（她）所需要的照顾。当然，弗洛伊德式"所有过错都是母亲的责任"这一说法是错误的，但认为母亲就一定会带来健康的爱也是一种幻想。

这种幻想普遍存在，影响极大，以至于如果你面对的是一位爱无能的母亲，而你打算说出事实真相，说出母亲究竟是如何对待你时，你将不可避免地遭受来自外界（包括你母亲本人）的强大阻力，很多人会联合起来支持你的母亲。

事实上，与爱无能母亲的相处受到太多禁忌的束缚，提及母亲造成的伤害时，众人大多会反应强烈，因此，被质疑、批判和劝诫十分常见。如果你打算找到一种新的和母亲的相处方式，相信你已经知道未来会发生什么：

• 你想与她和解，却发现自己被拉回批评和操控织成的网中。你再一次变成忘恩负义、自私自利、罪不可赦的人。你再一次被提醒，无论母亲做了什么，你都永远欠她。

• 你寻求亲戚或朋友的意见，但他们总是说："你怎么能这样说你妈妈？她可是给了你生命的人。你这人怎么回事？"

• 不幸的是，你的心理医生要求你"原谅并忘记"，并且与母亲和解，无论你将付出多么巨大的情感代价。

• 你试图获得精神顾问的帮助，但得到的回应无外乎"你应当尊重你的母亲""若无法谅解，你就无法得到解脱""家庭最重要"。

• 你甚至和你的伴侣谈过，他给的建议是："别让她影响你，她就是那样的人。"

绕了一圈之后，你发现又回到了原点：困惑、孤独，甚至为萌生想要面对和战胜过去的自己的这种想法而觉得羞愧。你可能会开始怀疑，自己的感受是不是正当的。

别人看不到你所看到的

与母爱缺失所带来的痛苦和后果相抗衡是一个孤立无援的过程。在丰沛健康的母爱中成长的人很难理解，不是所有的母亲都像他们的母亲一样。于是，当一个缺爱的女孩向知心好友或亲人诉苦，希望得到慰藉时，她的痛苦往往很难为人体察，甚至会招来责备。我的当事人瓦莱丽是一名电脑程序员，32 岁。她来到我这里，希望我能帮她克服羞怯和焦虑的毛病，它们使她的工作和社交生活颇受困扰。她说，她的保护壳很难被敲碎，主要因为"人们根本不了解我"。

我让她举个例子，她就说了一件最近发生的事：

瓦莱丽："一个月前，我参加了一个成人美术班，我很早就想这么做了。美术老师名叫泰丽，她非常欣赏我画的水彩画。虽然我和她年龄相差 25 岁，但这并不妨碍我们成为好朋友。泰丽对我说，她打算办一个学生作品展，并且选了我的两幅画去参展。我听了之后非常激动，眼泪毫无征兆地就掉了下来。她问我怎么了，我告诉她当天早上我和妈妈在电话里大吵了一架，所以我不想邀请她来参加。

"泰丽说她很希望能认识我妈妈，我妈妈是一名室内设计师（同时也是一名不得志的画家，但这一点我从没提过）。泰丽提到了我妈妈好几次，于是，明知不该，我还是给她发了一封电邮。展会那天，妈妈如约前来，她对其他所有人的作品都赞不绝口，对我的画作却完全没有兴致。当然了，她对泰丽格外友善热情。妈妈离开之后，泰丽对我说：'我特别希望能有这样一位可爱的妈妈，如果能让我母亲活过来，我愿意付出一切。我希望你能知道自己有多幸运。'

"我回道：'我只能说，事情的真相不一定像表面所呈现的那样。我妈妈有时候非常自我，她爱挑剔，好胜心又强。'但我说的话泰丽似乎一个字都听不进去。她只是重复说道：'你应该庆幸有这样的妈妈，她非常关心你，特意来看你的作品。'"

瓦莱丽觉得沮丧，因为不被她以为是朋友的人所理解。如果连瓦莱丽这样的成年人都觉得很受伤，那么想象一下，如果是一个尚未独立的小女孩（或幼时的你）希望能得到他人理解时发生这样的事，情形会有多糟糕。

科琳，单身，28 岁，是一家连锁超市的经理。她告诉我，从记事起到现在，她一直饱受慢性轻度抑郁症的折磨。她在服用抗抑郁药，药效不错，但她理智地意识到自己的抑郁症和过去未解开的心结有关，她希望我能帮她梳理一下。问了一些基本情况之后，我让她说说童年的事。

科琳："我连一个倾诉的对象都没有……这太艰难了。没有人听我说话，我只能独自吞咽悲伤。如果我试着和我爸谈谈我妈，他就只会说：'对她好点。'有天晚上，我在吉娜阿姨家过夜，她问我家里情况怎么样。和她在一起我觉得很安全，她对我一直都很好，所以我对她说：'我觉得妈妈有点不对劲。她经常朝我大喊大叫，说我一无是处。'吉娜静静地听着，似乎能理解我的话，但紧接着她这样对我说：'你得试着让她开心，她并不是有心要说那些话。和你爸爸在一起生活，她一点也不幸福，如果不是因为你，她早就离开了。你要记住，是你亏欠她。别这么敏感。'听起来她挺生气的。向她倾诉之后我感觉更糟了，我忍不住想：'天哪！现在连她也生我的气了。'我真希望自己什么都没说。"

得不到母爱的女性都有一个共同特性，即渴望被认可，她们希望能有一个人对她们说："是的，你所经历的是真实发生过的。是的，你有这种感觉是合理的。我能理解。"

巨大的压力使得女孩们不愿提及所承受的言语、情感甚至是肉体上的伤害，无论是过去还是现在的。正如你所看到的，在孩子们眼里，有一条规则早就很清晰：**不要告诉任何人，也不要让自己察觉。**

就这样，你学会了隐藏、弱化并质疑真实的自己。

母亲的冷落如何被内化

尽全力满足母亲，这一初衷似乎是积极的，但这种做法其实会导致生活的表面之下生成一片断层，而你的生活则是情感地震带。"笑一笑，忍一忍"能够维持平静，但这与其说是自我的选择，倒不如说是羞愧和恐惧造就的麻木。蒙蔽着你的，纯粹是对母亲的爱和对过往的遗忘。

在你想要说出关于母亲的真相时，你接收到的所有外部信息，会转变成强烈的内在情感侵扰你：

• 因为你说了实话，被认为是在"批判她"，你觉得自己特别忤逆不孝。"毕竟，她给了你生命。"

• 你觉得很羞愧。"所有母亲都爱自己的孩子，如果她们不爱，那一定是有原因的。"

• 你质疑自己的感受，并反思自己是否"太敏感"，或者只是在顾影自怜。

这些感触非常强烈，对大部分人来说甚至可以称得上骇人，触碰如此深重的痛苦和不安全感所会引发的感受，我只能用"恐怖"二字形容。如果我们承认母亲不爱自己或是尝试想要改变母女关系，后果就是会体验到这种恐怖。

我时常能从女儿们口中听到下面这些话，这解释了哪怕遭到母亲极恶劣的对待，她们也不愿给母亲贴上"不爱孩子"这一标签的原因：

- 我承受不了随之而来的负罪感。
- 我承受不了随之而来的悲伤。
- 我承受不了那种失落。

那个蜷缩在成年女性躯壳里被吓坏了的孩子说："如果你说出实情，很可能你就再也没有妈妈了。"听到这个声音后，即便是一名事业有成、精明干练的女性，她也会忘记其实自己已经长大，不再需要紧紧依附母亲才能生存。

一旦你说服自己，认为自己无法承受道出实情所带来的情感波动，那就只剩一条路可以走了：扭曲翻转你的自我认知和对母亲的看法，并使其合理化。

"听着，她真的很辛苦，"你这样告诉自己，"我得对她宽容一些。"

科琳竭力想要证明她的母亲"并不是那么坏"，她给出的理由也很常见。

科琳："我并不想让你觉得我是在妖魔化我妈妈，真的。我得说，她让我们有饭吃、有房子住，我从来没有挨过饿。上学时，我有书，还有漂亮的衣服。而且说实话，小时候我很调皮，她觉得我烦人也不奇怪。"

科琳的母亲让女儿能填饱肚子，但得忍受情感上的饥饿，科琳却努力想要从这段母女关系中搜寻到些许值得称道的地方。然而，这样做会让她陷入自责，对那些没有感受到母爱的女孩们而言，这种自责非常普遍，而且会奇异地让她们感觉轻松一些。

你看到其中的循环效应了吗？你和母亲相处时感受到的痛苦不断地转变成恐惧，恐惧之下你会开始帮她找各种理由甚至是自责。你被禁锢在这个闭环里，无法改变自己的处境。我们的理智也许知道到底发生了什么，我们的情感却不这么认为——而大多数时候，我们都会被情感左右。

缺失母爱的女孩们经常会说"我妈妈很消沉""我妈妈是超级自私鬼""我妈快把我逼疯了"，有时甚至会说"我妈就是个酒鬼""我妈以前就喜欢辱骂我，到现在也还是这样""我妈就是个混蛋"。这些话听着很强硬老练，但这样的认知远不能让你真正释怀。除非你能全面彻底地摆脱母亲的神化，否则将永远无法脱离这个能用于解释一切的情感怪圈："无论妈妈做了什么，都是我的错。"

你的一生，可能都在被这样的信念钳制着：有问题的是我，不是妈妈。这种残缺的自我形象会影响你对成长为女人的认知——就像一个你无法抛弃的旅行箱。随着从小开始感受到的恐惧和对自己的误解的渐渐累积，你会不断地有一些自暴自弃的举动。

直面禁忌

本书将为你详细描述爱无能母亲的特征，让你彻底埋葬、告别母亲的神化。在接下来的章节里，你会看到各种类型的母亲，由于自身心理上或生理上的障碍，她们不愿意也没有能力为孩子提供持续不断的爱，而在引导孩子情感健康发展的过程中，这种爱发挥着至关重要的作用。这些母亲无法真正地去爱。

我要强调的是，没有一个母亲早上醒来时就会想："我今天该怎么伤害我的女儿呢？"她们的行为大多是无意识的，或是被她们所害怕的情绪所驱使的，比如极度缺乏安全感、如影随形的被剥夺感以及对生活的严重失望。当她们想要舒缓恐惧和悲伤时，就会利用女儿来满足自己对权力、管控的欲望。这些母亲的特点是缺乏同理心，她们十分以自我为中心，根本察觉不到自己所造成的伤害。她们几乎不会站在你的角度为你着想。她们只知道予取予求，即使有可能，她们也很难把自己的心魔和所做出的伤人举动联系起来，而这些行为恰恰定义了你们之间的关系。

书中将讲到一些母亲的行为，也许会和你所经历过的有相似之处，这会让你痛苦，但请别因此而逃避。你要意识到这些行为是爱的对立面，接受这种意识，并让它深深地在你心中扎根，这非常重要，即使你只能一点一点地做到。我知道这可能是一个艰难的过程，但如果我们不弄清楚你的母亲做了些什么，并因此在你的生活中留下了什么痕迹，我们就无法修复母亲的神化所造成的伤害。

本书前半部分将为你介绍五种类型的母亲。不同的类型之间并无严格界限，一位爱无能的母亲可能同时具备几种特点。你将会看到以下几种表现：

• **严重自恋型母亲** 这类母亲非常缺乏安全感且自私，她需要有人不断地赞美她，可对自身价值的认知却不切实际。她必须得是众人关注的焦点，当她觉得其他人转而关注你而不再关注她时，就会迫切想要吸引他人的注意。她会把女儿当成竞争对手，会打击女儿的自信，贬低她作为女性的魅力和力量。当这类母亲感受到威胁时，尤其是当女儿长大成人开始大放异彩时，她就会开始挑剔和攀比。

• **过度纠缠型母亲** 这类母亲通常会让女儿感觉喘不过气来，她要求女儿把时间和注意力都放在自己身上，要求母女亲密无间，不计代价地要求女儿把自己当成最重要的人。之所以这么做，是因为她依赖母亲这个角色来满足自己的情感需要，她无法培养女儿健康的独立性。通常她会形容女儿是自己"最好的朋友"，然而，当女儿的需要和喜好与她自己的不一致时，她极少会去迁就女儿。

• **控制型母亲** 这类母亲在生活中时常会有无力感，于是就会用女儿来填补这种空虚，她认为女儿所要扮演的角色就是让她开心，并且无条件地服从于她。这类母亲会明确地说出自己的需求、欲望和要求，当女儿试图反抗时，她们就会威胁女儿这样会产生严重的后果。她们认为自己的做法是正确的，坚称唯有自己才知道女儿如何才能最佳地发挥潜力，她们不断地批评，让女儿对此深信不疑。

• **需要照顾型母亲** 这类母亲自顾不暇，通常会陷入抑郁或者某种癔癖之中，让女儿不得不反过来照顾她甚至是其他家庭成员。这种角色颠倒的母女关系的特点，就是女儿不得不充当家长的角色照顾孩子气的母亲，然后终其一生都在渴望着从未从母亲那里得到的引导和保护。

• **对孩子疏于照顾，背弃并殴打孩子的母亲** 这一类母亲是最黑暗的，她们没有人情味，没有一丝一毫的温暖，她们罔顾女儿被其他家庭成员虐待，甚至会自己虐待女儿。这类母亲对女儿的残害是致命的，而女儿所承受的创伤也更深。

我们会看到这几类母亲是如何损害女儿生活的根基的，然后，你可以通过这些案例了解到：和一个不会爱孩子的母亲一起生活，你所学到的立足之道是如何削弱你爱人、信任他人以及茁壮成长的能力的。

历史重演

人们总说女性往往会和与自己父亲相像的人结婚，但令人惊奇的是，实际上我们通常是和与自己母亲相像的人结婚。也就是说，作为成年人，我们在选择伴侣和生活方式时，会频繁地被一种无意识的强烈渴望所推动，而后果恰恰就是母亲伤害自己的情形的不断重演。

正如你在之前那份清单所看到的，超出正常范围的照顾他人、取悦他人的行为，以及安全感的缺乏，往往都能从母女关系中寻根溯源。在母爱缺失的情况下，女孩对虐待会有高忍耐度，最坏的发展结果就是，一个受虐待的孩子成长为伤痕累累的大人，或是施虐的母亲。但无论母亲带给你的是什么，把过去和现在连接在一起，你就会渴望并获得力量去做出影响深远的一些改变。

第二章

严重自恋型母亲

——

"那我呢？"

在古希腊传说里，有一个名叫那喀索斯的美少年，他生得俊美异常，看到他的人不论男女都会不可自拔地爱上他。

有一天，那喀索斯坐在湖边，不经意间瞥到水里映出一位俊俏少年的身影。他并没有意识到这是自己的倒影，他被水中的这个身影迷住了，不吃不睡，也不愿从水边离开。他一直注视着那个在清澈湖水中闪耀着波光的男孩，最后，他死了。在他身体倒下的地方开出了白色的花，人们叫它水仙花。

这是一个广为人知的神话故事，也是许多误解的来源。人们通常会用"自恋"一词来形容像那喀索斯一样自我崇拜的人。然而，我认识和治疗过很多有自恋型伴侣或父母的人，我并不认为自恋者真的爱自己，尽管他们往往表现得自信、自负和妄自尊大。

事实上，他们极度缺乏安全感，时常质疑自己。如果他们不是这样的人，怎么会无论得到多少认可和崇拜都不满足？为什么又要一直成为众人关注的焦点？为什么自恋型母亲要靠打击女儿来树立自己的自信和自尊？

自恋型母亲并不会让我们觉得她是爱无能，因为她非常爱自己。她们其实是一门心思都在想着如何让自己变得重要、无可指摘又特殊，以至于没有心思去考虑其他人。

自恋型母亲的女儿们早早就意识到，只要人们的目光投到自己身上，母亲就会来介入。于是女儿们会习惯于被推到一旁，被当成附属品，或者逐渐隐入母亲的阴影中。她们取得成就时，母亲会归功于自己；母亲心情不好时，就归咎于她们。长此以往，她们的自信和与生俱来的热情会消失殆尽。女儿们意识到，母亲的需要、自我意识和愉悦凌驾于自己的之上。

自恋谱系

会给女儿造成极大损害的自恋症，位于"自恋"这个广义范畴的极端边界。照镜子时自言自语"我今天看起来很不错"，或者公开欣赏和赞誉自己的某一种才华，这些属于自我保护、自我肯定的行为，因为它可以让你找到自我价值，帮助你遵循自己的意志，让你能捍卫自我。

但再延伸一点，自爱就会演变成以自我为中心。这种自恋者更加地自我欣赏，需要他人源源不断地关注自己的迷人之处。这种行为也许让人恼火，却无害。中度自恋的人可能会很虚荣，明显以自我为中心，她会主导谈话，并且不会留意她的同伴或"听众"开始坐立不安的暗示。然而，如果她发现了这一情况，或者得到他人的提示，她会为自己的行为道歉。

但如果是一个严重自恋、被心理健康专家称为患有自恋型人格障碍（NPD）的人，想让她道歉几乎是不可能的事。

这种人格障碍有两个显著特征：一是对自我价值的夸大，二是渴望持久的关注。孩子幻想自己很强大且受人崇拜是正常的，特别是当他们所处的现实与期盼的相去甚远时，但当他们长大了能够自给自足之后，多数会把这些幻想搁置一旁。患有自恋型人格障碍的母亲却从未忘掉这些小时候的渴望，她紧抓着它们不放，因为它们能够掩藏她深深的不满足感。她极其依赖他人的评价来形成自身的认同感和自尊心，那些人是她的镜子，她需要去寻求他人的认可。所以，她这一生都在证明（最起码也会争辩）她比其他女人漂亮、更聪明、更有才华、更受欢迎。在她看来，她就应该得到特殊待遇，委婉一点来说，她不是很能接受人们不同意她的看法。当她被人挑战时，会又嫉妒又羡慕，表现出高度戒备。你可能已经猜到了，她没什么同情心，她不关心其他人，也没心思去关照他人的情绪，除非他们能帮她增强幸福感。

直到 1980 年，自恋症才被确定是人格障碍的一种。在此之前，即使是极端自恋症也会被轻描淡写，大家对"以自我为中心""自负""极度利己"等行为不以为然。现在，我们知道严重自恋的人并不是疯子，他们只是与现实脱节，无法正常生活，因为他们的"脑回路"与常人不同。没人知道为什么会这样，多年来心理健康专家一直在研究这种人格障碍形成的原因。有一段时间，专家们认为幼年时受到的心理创伤或过度宠溺会让有自恋型人格障碍的人创造出虚假的自我，但随后又有新的证据表明这种人格障碍主要与遗传或生理相关。

我们所知的是，患有 NPD 的人举止往往很夸张、很情绪化，有时还会很怪诞。我们还知道，严重自恋型母亲和女儿没法和谐相处，且会对女儿的成长造成有害影响。

如果你发觉自己的母亲和上述描述的相同，那么彻底了解真相可能会让你感到如释重负，虽然这是一件艰难的事。特征描述能够极为有效地帮助你确定自己正在面临的问题，但书面的形式可能会让人缺乏真实感。它不会让你产生情感波动，或是想起母亲带给你的伤害。像"缺乏同情心"这类的词，无法捕捉到当你想要得到严重自恋型母亲的理解时所体会到的那种空虚感。

三大法宝：做作、转嫁和否认

黛娜："戏剧女王"抢我的风头，忽视我

黛娜，38 岁，聪颖而迷人，她告诉我她因为试图平衡丈夫、公关工作、两个年幼的儿子和一个严重自恋型母亲的需求而感到筋疲力尽。她说大多数时间觉得自己过得很好，除了不得不迎合母亲的时候。这让她很焦虑，这种焦虑还渗透到了她的婚姻生活以及亲子关系中。她讲述了最近发生的一件让她十分生气的事：

> 黛娜："在一次家宴上，我向大家宣布我怀上了第三胎。我的亲人们——叔叔阿姨、同辈表亲和我的兄弟——都很激动，他们围在我身旁，开心大笑，互相拥抱。突然，我妈妈起身离开餐桌，假装晕倒在地。大家都吓坏了，纷纷从我身边离开过去照顾她。我不知道她到底怎么了，我爸爸赶紧帮她倒了一杯水。当她站起来之后，就看着我说：'你怎么能这么对我？你怎么能让我这么担心？你明知道你没有那么健康。这下可好，我还得一直带你去看医生！'我完全不知道她在说什么！我很健康！她从来没带我和我的孩子去看过医生。为什么她非要把一个快乐的夜晚活生生变成一场希腊悲剧？"

黛娜很气愤，但并不感到惊讶。和母亲伊芙琳一起生活的时候，装晕是她常见的事：

黛娜："我觉得她一直都是女主角。我清楚地记得，大概是在我5岁的时候，父母的一些朋友到家里做客。当时我在学踢踏舞，那天，我穿着踢踏舞鞋走来走去，因为我很喜欢鞋底敲打木地板的声音。有人放了音乐，让我跳一段。我有点害羞，但还是站起来，开始做我一直都在练习的简单动作。结果妈妈几乎是从椅子上弹起来，跳起了一支很复杂的舞。所有人都开始吹口哨鼓掌，然后把我给忘了。我当时真的很困惑，让小孩子展示一下自己又怎么了？总之，我的成长过程中几乎都是这种情形。无论何时，只要我得到别人的关注，情况就会像小时候那次一样。她在的时候，我还是当隐形人比较好。"

黛娜对我说，在长大的过程中，无论她做了什么，无论她遇到什么事，都会变成母亲抢夺注意力的机会。四年级的时候，黛娜扭伤了胳膊，母亲几乎没有安慰她，然后就开始讲述自己滑雪时受伤的故事，她对黛娜说："这可比你的严重多了。"最令黛娜恼怒的是，高中毕业典礼时，母亲穿了一件样式夸张又暴露的连衣裙，当时"所有人都盯着她看"。即使如今黛娜已长大成人，这位"戏剧女王"仍然没有收敛。几乎女儿的每一件事，伊芙琳都要去掺和。这正是自恋症患者的典型做派。

沉迷于崇拜

当自恋型母亲发现自己不是焦点时,她就会非常沮丧。崇拜是她的药,让她得以感觉到自己的重要性,如果没有得到别人的崇拜,她就会迷茫。朗·钱尼有一部老电影,叫《木乃伊之墓》,电影里的怪物依赖一种叫塔纳的特殊植物的叶子来维持生命。崇拜就是自恋型母亲的塔纳叶,唯有它才能满足她的情感需求,她也会不遗余力地确保自己能够得到源源不断的崇拜。

她的自我意识很脆弱,似乎还缺少在得不到他人关注和赞赏时仍能认可自己的核心价值观,所以如果得不到他人的关心,她就觉得整个人都不好了。这听着有点伤感。就好像如果人们把目光从她身上移开,她就害怕自己会消失似的——所以她要求他们时时刻刻都要盯着她看。其他人必须得注意到她,因此,无论是略胜人一筹还是表现出色,她都要用非常夸张的手段来博取关注。

但只有肯定的关注能让她满足,批评或者任何形式的异议都会让她心里一片混乱并引发强烈的不安,然后,她立即就会竖起身上的刺,令你在困惑的同时也深深懊悔不该与她起冲突。她会把自己的不适转嫁到你身上,这样人们的目光就会停留在她所说的你的缺点上,而非她自己的缺点。通常,这样做确实能有效地避开埋怨和正面讨论。如果向她施压,她也许会直接否认你的说法。做作、转嫁和否认是自恋症患者的三大法宝,让人抓狂并感到愧疚,这种情况下你很难说出自己的异议，也很难为自己辩护。

从小到大，黛娜看惯了母亲的做作，以至于现在她认为抱怨根本没用。"她往那儿一晕，我顿时就输了，"黛娜对我说，"我当时就想着随她吧。这种事情我已经见怪不怪，根本不值得因为这样就心烦意乱。"

而她的丈夫查德，却鼓励她进行反抗，她极少这样做。接下来发生的就是转嫁的典型案例。

黛娜："查德知道我有多不情愿和妈妈谈论之前那件事，他说：'我觉得是时候和你妈妈谈一谈了，她这样很久了。'我没法否认，所以就强迫自己去了妈妈家。我当时很焦虑，因为每当想提起她所做的那些事，最后都会以我的倍感挫败收尾，甚至比之前感觉更糟糕了。

"我说：'妈妈，我真的觉得有必要和你谈一谈。'话音刚落，我发现她立刻紧张起来，但我还是接着往下说。我很自豪我当时能那么做。我对她说：'我真的觉得很受伤，也很尴尬，当我在宣布对我而言非常重要的事情时，你突然来了那么一出。上周一起吃饭时，你那样晕过去，太让我震惊了。我怀孕既不是对你的惩罚，也不会给你造成任何伤害，那你为什么要做出一副我对你做了什么可怕的事的样子？'

"'我不知道为什么你非得再要一个孩子，'她对我说，'你知道我很担心你。'

"我说：'妈，我怀孕和你没有任何关系，晚宴上的那一幕就是胡闹。你总是想要成为焦点，你似乎没法忍受有人把注意力放在我身上。'

"接下来，她的举动和以往我想要戳穿她时一样。她开始用拇指和食指揉起鼻梁，就像头痛发作似的。过了一会儿，她低下头对我说：'亲爱的，这让我很为难。你说得我好像是这世上最糟糕的妈妈。我现在真的没法应付你的怒气。'"

黛娜的母亲熟练地把自己感受到的不适转移到了女儿身上，而没有正面回应，她利用精心设计的、做作的、会让你感到愧疚的话语和动作，说着："看，我被你伤得有多深。"

转嫁型防御

转嫁是严重自恋型母亲强大的防御手段。她利用它来和你保持距离，这样她就没必要去考虑甚至是承认你的感受，以及她自己犯错的可能性。

她承受不了有人质疑她不完美。她是无敌的，是完美无缺的。魔术师奥兹在人前表现得很强大，真实面貌却是个有缺陷的普通人。严重自恋型母亲和奥兹一样，营造出一个能够掩藏自己内心深处不安全感的形象。她会避开所有可能迫使她自省和自我质疑的因素，以此来保护自己脆弱的内心。要她承认自己的形象有瑕疵简直是天方夜谭，这也许是因为某种程度上她知道，一旦承认了，苦心营造的形象就会全盘崩塌。一个心理健康的人遇到不同意见，或者被人指出行为不当时，她可能会好奇，可能会质疑，也可能会难过，但她很可能会接受其他看法的存在。而严重自恋型母亲，在任何时候，只要你不同意她的话或者批评她，她敏感的神经只会传达一个信息：她被攻击了。

面对女儿的抱怨时，伊芙琳没有尖声怪气地回应，只是揉着鼻子，头抵在桌子上。但这看似被动的动作背后，蕴含了许多愤怒和挑衅。她身体语言的含义是"我被你伤得头都抬不起来"，以及那句言过其实的"你说得我好像是这世界上最糟糕的妈妈"，就已经在采取攻势，把过错推到了黛娜身上。

黛娜："我看不懂她的做法。她从不朝我大吼大叫，也从不发火。但我绝对能感受到，她到了临界点，而且非常生气。我的身体感觉得到。我感到自己的脖子和脸在发热，胃也有些痉挛。我只是想要为自己抗争，但她总是轻而易举就能让我觉得过分的那个人是我。"

撒谎、煤气灯效应和否认

严重自恋型母亲的愤怒、批评和对女儿感知的忽视，会带来痛苦和伤害。所有的女儿都坚信，只要母亲能够意识到她的行为及其带来的影响,她就会停止。女儿们一次又一次地希望母亲能看到自己的行为,希望这一次事情能够有所改变,但严重自恋型母亲一如既往,遭遇对峙时她会先表演一番,然后嫁祸给你,再攻击你的缺点。如果没能达到她想要的结果,她就会使出最让人挫败生气的一招:否认。对峙会让她们觉得自己被逼入绝境,所以遇到这种情况时,她们不能也不会承认你经历过那样的事,而且还和她们有关。相反,她们会扭曲事实,对你说你根本没看到那些事,所经历的那些也从未发生,你所谓的事实不过是自己虚构出来的。

这真的让人感觉无所适从,就像黛娜所看到的,面对女儿说她是戏剧女王的指责,她不满足于继续装头疼来应对,还用上了否认这一招:

黛娜:"事情变得更糟了。她从椅子上起身打算回房间,她看着我,用非常平静的语调对我说:'亲爱的,你看,我不明白你怎么能说我晕过去了。我当时只是太过兴奋,然后坐了下来。难道我连这样做的权利都没有吗?你一定是荷尔蒙紊乱,记错了。你现在就走吧,我得去躺一会儿。'

"当时,我觉得又困惑又愧疚,就悄悄离开了。"

让过度自恋的母亲承认自己有错是一件相当困难的

事，无论她的行为有多过分，她都会绞尽脑汁把自己说成是对的一方。对自己所做的承诺、你亲眼看到的行为，以及其他人的言行举止，她都不会承认。通常情况下，她不仅会撒谎，还会反过来说撒谎的人是你，就像黛娜所看到的那样。她可能会用以下的句子来否认你说的每一件事，让你不知所措：

- 那种事从来没发生过。
- 我从没说过那种话。
- 你确定那不是你在做梦？
- 你想象力真丰富。

然后她会用批评来加重攻击，就像这样：

- 你真是记仇。
- 你真是敏感过头了。
- 我当时只是在开玩笑。你的幽默感到哪里去了？
- 你总是误解我。

她质疑你的记忆，并认为你没能理智地思考问题，她这样做其实是在破坏你对现实的理解，让你困惑，怀疑是否她才是对的，你甚至可能因此开始相信她所编织的关于你的谎言。

在经典电影《煤气灯下》里，丈夫想骗妻子相信她自己精神错乱。于是，他把妻子的东西藏起来，说是被她弄丢的;对房子做一些微小的改动,妻子发现之后,他却矢口否认;当妻子说"这里变黑了,你肯定把煤气灯调暗了"时,他这样回答:"没有人碰过灯。它分明和以往一样亮。你是不是身体不舒服。"煤气灯效应(Gaslighting)是严重自恋型母亲的惯用伎俩,他们会利用它来颠倒黑白。至于你说母亲做过的那些让人生气、痛苦和沮丧的事?一定是你在梦里看到的。

莎朗:被自恋型母亲的怒气刺痛

严重自恋型母亲在表达自己的不快时,会有比伊芙琳那种消极攻击更夸张的行为。在生活中遇到不如意,或者觉得自己的特权被侵害时,有的母亲不仅会让女儿当替罪羊,还会愤怒地抨击她们。

莎朗,40岁,单身,是一名导医。她想治疗她的焦虑症,所以来找我。她有工商管理硕士学位,但似乎无法找到与之相称的工作。她对我说:"我的恐慌症又卷土重来了。"

我问她,有没有什么线索可以找到恐慌症发作的原因?

莎朗:"首先,我刚和妈妈闹过不愉快。这是常有的事了……大约两个礼拜前,我和她一起吃午饭。她和我爸爸大概已经分居了六个月,她想给他写一封信,告诉我爸爸她想复合。我就对她说最好不要这么做,因为他们在一起的时候毫无幸福可言。

"她绝对吼了我。她说：'你怎么敢有这种让父母分开的想法？你真是太残忍、太不成熟了，我真为有你这样的女儿感到羞耻。天下没有哪个女儿会这么残忍地对待自己的母亲。'她这番话说完，我顿时觉得自己真是这世上最卑劣的人。"

严重自恋型母亲在盛怒之下，对莎朗进行了一阵炮轰。莎朗不支持母亲想要和父亲复合的打算，其实无意之中就已经踏进了母亲无法忍受来自他人的批评、反对或者挫败感的无底深渊。和其他许多严重自恋型母亲的女儿一样，莎朗被母亲当成了不开心的罪魁祸首。她传递出的信息很明确："我当然不会开心，谁摊上这么一个残忍又没良心的女儿会开心？"

如果你不同意严重自恋者的观点，哪怕你只是保持中立，她也会暴怒，咆哮、尖叫和谩骂是常见的反应。你是好是坏，取决于你是否全力支持她。她会像受伤的动物一样，带着满腔愤怒攻击你，完全不考虑她的话对你会有什么影响。

"是你不好"

严重自恋型母亲只要缺乏安全感，觉得失望或者挫败，就会开始指责别人。和其他没有安全感的人一样，她们会通过打击你来提升自己的自信。如果你现在觉得很开心，那你一定是忽略了什么重要的事，或者马上就要遇到麻烦。你的眼睛太小，你的鼻子太大，你太胖了，你太瘦了，你的腿看起来真粗，你的腿细得像牙签。她们幻想你非常出色的时候，就会恭维你，但如果你和她们所幻想的不符，也即她们发现你真实的样子时，苛责会比之前更甚。

　　莎朗："在我大约 8 岁的时候，妈妈觉得我应该当模特。我只是一个长相普通的女孩，这点我非常清楚，妈妈却觉得她的女儿够格进任何一家模特经纪公司。我只能随她去折腾——事实上我从来都不想当模特。她通过一个朋友，帮我申请到去一家经纪公司面试的机会，公司的一名工作人员和我聊了一会儿，然后对我说：'非常感谢你能过来。稍后会通知你结果。'

　　"几个星期过去了，我们没有接到任何消息。当然了，妈妈对此非常不高兴。她打了一遍又一遍的电话，最后他们对她说：'抱歉，现在我们不招人。'然后她就发火了，而且突然间，她认为这都是因为我长得不够漂亮！她开始说：'可能是因为你的大饼脸，可能是因为你的小斜眼。'这么多年过去了，我都还清楚地记得她说的这些话……我还记得自己站在镜子前练习微笑时，是多么努力想要把眼睛睁得大一些。"

　　莎朗和每一个严重自恋型母亲的女儿一样，不可能达到母亲的期望，这是她母亲永远不会让她忘记的。

莎朗："我知道外婆对妈妈很不好，这也是她多年来不断羞辱我的借口。她显然对我的一切几乎都不满意。我长大之后，她时刻都在找机会挑我的毛病。我就是无法让她开心。有一年，我在数学比赛得了奖，她却对别人说我的家庭作业都是她做的，如果没有她我根本不可能得奖。有的时候，她也会对我说'做得不错'，但我知道其实她根本不是这么想的。她认为她比我优秀，我一直都能感受到这一点，而且我也不知道怎么做才能让她以我为傲。"

严重自恋型母亲不断地批评你，以使自我感觉强大，却令你难过、受伤、感到卑微，在这个过程中，她教会你的是放低标准、保持低调。你开始害怕尝试，而且觉得自己就算去尝试也会失败。

莎朗很聪明，她通过努力学习拿到了工商管理硕士学位。她母亲是一名会计，总是想方设法打击她，她对莎朗说："我觉得你不适合当商人。"在攻读硕士学位期间，莎朗克制住不去质疑自己，但她却没办法迈出下一步，去她感兴趣的银行业应聘。

莎朗："获得高等学位对我而言是一件非常重要的事，我也因此而感到自豪。但我因为太害怕去大公司面试时会搞砸，所以只应聘了几个小公司。我被拒绝了两次，然后就受不了了。我真的不喜欢那种紧张和被审查的感觉。我没法控制自己的焦虑，所以最后去一家书店上了一段时间的班。我情愿像现在这样，也不愿再被人拒绝。毕竟我已经通过拿到学位证明了自己。"

莎朗的自信被母亲彻底摧毁，于是，参加面试的紧张感变成了恐慌，她深信这预示着她不应该前进。母亲不停对她说"是你不够好"，这句话一直在她脑海里回响扩散，到最后，放弃成为唯一的解脱方式。于是，她放弃了。

母亲让莎朗深信自己一无是处，而莎朗不止一次向这种感觉屈服，并让它主宰自己的生活。

"坏妈妈"曾经也是好妈妈

严重自恋型母亲越缺少安全感，就越做作、越容易愤怒，想要感受优越感的欲望也越强烈。但她也有平和的时候——通常是在她得到了所想要的，或者是她自信满满，又或者是不觉得你马上要向她发起挑战时。这些时候，她不需要她的三大法宝，也没必要去批评其他人。

在这些情况下，她看起来就像另外一个人——对孩子友善，给予孩子支持。有些女儿很少看到严重自恋型母亲美好的一面，但有些女儿会被"坏妈妈"和"好妈妈"之间的巨大反差所困扰，因为在小时候，她们很可能也得到过持续、正常的母爱。这是一种常见的模式：自恋型母亲在承受的压力相对较少，并且得到年幼女儿满满的敬慕时，她就会对孩子十分上心，享受作为孩子的老师和偶像的角色。但当女儿慢慢长大，这类母亲就会把她当成竞争对手，会开始批评女儿，和女儿竞争，会嫉妒女儿，这种情况会一直持续到女儿长大成人。当这类母亲发现女儿变得越来越成熟时，母亲那被超越的不安全感只会偶尔消退，而我们在本章提过的自恋者的惯性行为则变得司空见惯。

女儿们被"好妈妈"的记忆所折磨，因为当"好妈妈"只是偶尔出现，她们就很难再得到母亲源源不断的爱，也很难再和母亲像从前一样自然而然地亲密无间。但她们仍在艰难地努力。

简：以前是她女儿，现在是她对头

简，33 岁，职业是演员，她从父亲那里继承了一小笔遗产，平时以拍商业广告和零星的演出工作为生。她年轻且容貌秀丽，有一头淡金色的秀发，绿色的眸子，但大眼睛下面重重的黑眼圈十分引人注意。她坐在我对面，坐立不安地拨弄着手镯。了解了一些基本信息之后，我问她我能帮她做些什么。

简："我简直是糟透了！最近事业好不容易有大的突破，能在一部电视剧里出演女二号，但从那时起我变得很焦虑，只能通过吃东西让自己平静下来，到现在我已经长胖了七磅。我的指甲没了。我睡不着。导演问我：'这到底是怎么回事？'他让我必须得减掉一些体重。我的朋友安娜说我这是在糟蹋自己。我得振作起来。"

听起来简的确是有点自暴自弃。为了找到解决办法，我问她是否可以说一说她的焦虑感，想一想是哪些担忧或是念头会让她心烦意乱，这些感觉是什么样的？

她想了一会儿。

简："比如'你以为你是谁？你没那么漂亮，你现在连一件衣服都穿不下，你完蛋了。你马上就要丢掉这份工作了。'"

这种苛刻的自我评价不会突然就充斥在一个女人的脑海里成为真理之声，我问她在亲近的人里有谁会时不时地批评她，她很快就给出了答案。

简："嗯……这世上最支持我的永远不会是我妈妈。我曾邀请她去看我们的排练，我本以为她会很高兴。排练结束后，我问她感觉如何，她说应该会是场不错的表演。但随后，她看着我说道：'亲爱的，我不想让你伤心，但你不是梅丽尔·斯特里普。'这真的很奇怪，她现在经常说这样的话，但在我小的时候，她真的很好。事实上，她就是那个鼓励我成为演员的人。在我七八岁的时候，她经常带我去看演出，而不仅仅是那种小孩子看的表演，我就是在那时爱上的表演。那对我而言，是一段很特别的时光。我很开心妈妈能和我分享她喜欢的事，她年轻的时候做过一段时间的演员，我想要和她一样。我把她当成我的偶像。可是，后来她变了。到我再长大一些的时候……感觉就像我失去了她。"

很多当事人都告诉我，她们小时候和母亲一起的日子非常美好，充满了拥抱和笑声。她们也很困惑，进入青春期之后，这些美好怎么突然就戏剧般地消失了。这是一种让人崩溃的转变：你本来是有母亲的，但突然之间她就不见了，你想知道自己究竟做了什么才会失去母亲。事实上，理由很简单，因为你不再是那个笨手笨脚的平胸女孩，你开始蜕变成一个女人，而她感受到了威胁。

随着我们交谈的继续，简发觉她已经能确定，和母亲的关系发生变化是在她上高中的时候。

简："妈妈开始想和我的朋友、第一任男朋友做朋友，而且不是以长辈的身份。我注意到，朋友到我家里来的时候，她会涂口红，还会和我们一起在厨房里玩。她会表现出一副这是她的朋友，而她在努力和他们打成一片的样子。

她还会开一些挖苦我的小玩笑，仿佛他们是一个小群体，她也为他们有我这种朋友而感到很抱歉。当我再长大一些的时候，我真的想过让我的约会对象不要到家里来接我，因为我妈妈在他们面前实在太有诱惑力了。她会穿很暴露的上衣，然后站在离他们很近的地方，近得足以让他们闻到她身上的香水味。有一次，我们在厨房里给他准备咖啡时，她悄悄对我说：'我敢说，他更愿意和我出去。'"

突然之间，母亲和女儿间的角色与界限开始变得模糊、混乱。好胜的母亲走进了竞技场，戴上了拳击手套。简说，随着她年纪的增长，这种竞争愈演愈烈。

简："我记得大概在 17 岁的时候——我现在知道自己聪明又漂亮，但当时就是非常没有安全感。那时，一个我很喜欢的男孩和我分了手，我的心碎了一地。当时我们全家在某个牧场无聊地度假，可我不会骑马。我父母和妹妹想要沿着小路遛一圈，于是我也跟着去了，因为我真的不想扫大家的兴。我被颠了一路，痛苦不已。回来之后，我坐在小木屋的门廊上，觉得整个人都要散架了。妈妈走了过来，坐在我旁边的台阶上。她的表情看着很和蔼，于是我就想：'她知道我很伤心，也许她是想安慰我吧。'但过了一会儿，她叹了口气，然后对我说：'亲爱的，面对现实吧。你不可能像我这样擅长运动，你无法成为我这样的骑手，也永远无法成为我这样的女人。'"

她怎么会说出这样的话？据我所知，简的妈妈帕姆，对自己的婚姻非常不满意，而且她年轻时想成为演员的梦想也受到了挫折。所以她时刻都想着抓住简的弱点，这样她才能暂时地获得优越感，并平息自己的不安全感。

对简和那些在想得到母亲的抚慰和爱时，却发现自己被母亲当成了竞争对手的女儿们来说，这样的经历让她们无法承受。

简："我真的很受伤，也很疑惑。我不停地问自己：'我到底说了什么，还是做了什么？我到底怎么了？为什么她不再爱我了？'还有她说的那些话，到现在都还在我耳边回响……我只想缩成一个球，然后消失。"

简一直在努力实现自己当演员的梦想，最初是在学校演出，然后是社区剧团，后来又拿到了一些在电视剧里跑龙套的机会。简满心以为母亲知道后会非常高兴，自己能再次得到她的认可，但母亲的回应几乎始终如一：没有鼓励，只有批评和轻蔑。那个曾经是她头号粉丝的女人现在却对她这样说："亲爱的，我很想帮你一起对台词，但我真的受不了你结结巴巴的样子。我本以为你和我一样记性好，看来是我想错了……"她要传递出的信息一清二楚：

你能做的事，我会做得比你更好。

简："她在暗示我永远无法和她媲美，这真的很伤人，因为我本以为可以和她一起分享。我太困惑了。是她让我萌生了想当演员的强烈愿望，当我真的在往这个方向努力时，她又觉得我在挑战她，然后就不喜欢我这样做了。一直以来，都是这样。"

好胜心的背后是空虚

心理健康、有满足感的女人不会想和青春期的女儿抢男朋友，也不会打击她们洋溢的热情，或是阻止她们踏出冒险的第一步、按自己的心意去成长。她们知道女儿处于最脆弱、自我意识最强的时候，她们会想起自己曾经的坎坷，然后尽量帮助女儿。

自恋型母亲，比如简的母亲，是没有这种共情能力的。不仅因为她们本身缺乏安全感，还因为在她们内心深处有一种非常可怕的被剥夺感，她们被一种难以满足的渴求所驱动，坚信自己拥有的永远不够。她们无法忍受其他人的拥有，哪怕是年幼的亲生女儿，因为这样自己的需要就无法被满足。从某些方面看，她们和亚洲文化中描述的"饿鬼"这种生物很像，饿鬼有一个巨大的胃，要不停地吃东西，但是它们的嘴很小，喉咙也很窄，于是饿鬼永远都觉得自己很饿。这样形容自恋型母亲无法满足的渴望非常贴切，只要她们认为有人在跟她们抢男人、金钱、尊重和爱意，就会贪婪地从这个人身上攫取自己能获得的一切。只要她们把你看成是竞争对手，你就会激发她们的渴求感。

这种被扭曲的"还不够"的感觉是从哪里来的呢？最有可能的答案是，她自身所经历过的竞争和匮乏感。可能她自己的母亲好胜心也很强，然后从小她就被一种感觉困扰：她无法得到自己想要的，除非从母亲那里夺得；她也无法成为自己想成为的人，除非摆脱母亲。或者她可能成长于一个手足之争激烈的家庭，在这样的环境下，为了得到关爱和好东西，她不得不和兄弟姐妹、堂亲表亲，或是其他家庭成员竞争。

通常，这种空虚和对被剥夺的恐惧会深埋于看起来极为自信的外表之下，当她不顾一切想要得到某样东西时，会给出自恋者的典型借口："这是我应得的，因为我很出色。"这个理由经不起推敲，更准确的描述应该为："这是我应得的，因为我需要感到优越。"但这类母亲不太可能会花时间审视自己的动机，或是质疑自己的设想。

看待自己的成功时，你受她的矛盾心理影响

没有鼓励和支持，取而代之的是来自母亲的矛盾心理和嫉妒心，当简这样的女孩成年后其实早已在其中浸淫多年。小时候她感觉得到了母亲的夸奖很幸运，但长大之后她反而不这么想，因为她知道随之而来的往往是各种打击。

母亲这种"去争取吧，但别抱希望，你不够好"的态度让她困惑，同时也在她心里扎下了根。

简："我永远都忘不了拿到第一个商业广告的时候。当时，我特别高兴，逢人就说这件事。然后，我就犯了一个错：请妈妈吃晚饭，把这个好消息告诉了她。我刚说完，她就这样回答我：'亲爱的，这听起来真棒，但别期望太高，因为你不是很上相。'不过，我希望你不要误解我妈妈，她也有她好的一面。在她说完我是如何不上相，并让我明白这一点之后，她又来了个一百八十度大转弯。'不过没关系，我们可以帮你打扮一下。'她掏出车钥匙对我说，'我在诺德斯特龙百货看到一件毛衣，很衬你的绿眼睛。这样就可以吸引他们的目光。'后来她就帮我买了很多漂亮衣服。我不知道她是怎么回事。"

除了打击和指摘，自恋型母亲似乎有时也希望你能够所求有果。偶尔，你会得到她的馈赠，虽然这往往都带有嘲讽的意味（"让我来帮你打点"），她这样做可能是因为想重新回到在你小时候她所享受的导师和偶像的角色里。至少偶尔她也会想沾沾你成功的荣光，毕竟她是你的母亲，如果你成功了，她可以把一些甚至是大部分功劳归在自己身上。你的成功也可以满足她永葆青春、有魅力、有能力、有才华的幻想。

"听起来你从妈妈那里获取了许多相互矛盾的信息，"我对她说，"就比如：'我会帮助你实现目标，这样我也可以感同身受，但请你务必要失败，或者让我超过你，这样我对自己的感觉就会更好。'"

简："天啊，我妈妈就是这样的。我看得出，她很想做我在做的事，也想帮我成功完成它。她觉得这很刺激、很带劲。但与此同时，她又不希望我有出色表现，或者春风得意。我想这大概会让她觉得自己是个失败者。这太奇怪了。她打击我，但同时又嫉妒我。"

对简来说，母亲偶尔表现出的爱反而让她在工作上犹豫不决。如果简试镜表现出色，帮她买下昂贵服饰的母亲便会很高兴——这时她似乎又变回了小时候鼓励着简的那个母亲。但等到简真的成功了，母亲又会开始嫉妒，所有的一切又回到原点。成年后渴望重新和自恋型母亲回归亲密关系的女儿，通常都会面临这样的选择，然后一直踌躇不前，她想不明白为什么自己会拖延一个备受关注的项目，或者在出席一次重要场合的前夕会增加体重。这不是一个理性的过程，而且大多数情况下，这并非有意识的行为。你感觉自己裹足不前，想要成功却又被某种神秘的力量阻止，这往往是愧疚感在作祟。母亲曾经告诉过你，你不能也不应该去追求你渴望的。你学会了她给你上的最重要一课：不要超过自己的母亲。

她在家里，在你身上播下嫉妒的种子

在满是嫉妒的环境下成长所带来的另一个屡见不鲜的影响就是，你自己也开始学会嫉妒。通常，如果母亲无止尽地渴望能拥有别人所拥有的东西，那么女儿也会这样，然后在潜移默化中学会了嫉妒：

简："大概从 14 岁开始，我疯狂地交男朋友。我这样做是为了能离开家，似乎只有交男朋友我才能感受到自己的存在。但如果我单身，而我的闺蜜们有伴，我就会生气，就会郁闷。这种感觉就像，这是我非常想要的，她们怎么敢有。直到现在，如果我朋友恋爱了而我却没有，我也会产生这种感觉。"

简告诉我，母亲至今依然经常拿她和别人比较，以激起她的嫉妒心。

简："妈妈经常会从报纸或者杂志上剪下一些报道说给我听，讲的都是其他女人的婚姻或她们取得的成绩。或者她会给我打电话，说一些类似于'你听说你艾米堂姐的事了吗？我听说她的新男友要带她去法国南部，打算在那里待三个星期……'的事。我当然不想继续这样的对话，所以我说'那她还挺幸福的'，希望对话可以就此结束。然后妈妈就说：'确实是……为什么你找不到这样的男朋友？'她让我心情变得很糟糕，然后除了嫉妒我堂姐的好运之外，再没有其他感觉。我很讨厌自己这样。"

她没必要说得这么直接。你接收到的信息非常清楚，那就是：你输掉了一场比赛，可你却不知道自己是参赛者。你不如堂姐漂亮，也不如她性感。你到底哪里不对？

如果你有兄弟姐妹，你好胜的母亲也许会激起你们之间持续一生的竞争，她控制事态发展，决定由谁获胜，孩子们争先恐后抢夺着母亲的认可，这些可以使她的优越感得到满足。

她会心血来潮，把一个孩子树立成从不会犯错的榜样，同时也会把另一个孩子当成家里的替罪羊。如果你经常扮演替罪羊的角色，可能会发现突然之间，她又重新喜欢你了，你们再次亲近起来，就像小时候那样。但只要她觉得自己受到了威胁，比如你的朝气、你的笑容或者你成了合唱团的独唱，下一秒，你就会被其他兄弟姐妹取代。

你和兄弟姐妹们长大之后，她仍会通过分配和控制金钱、礼物和遗产等，让你无法脱离手足之争。这些手足之争也许可以作为一扇窗，你能通过它看清母亲的被剥夺感缘何而来，当她操控你和你的兄弟姐妹时，很可能是在重演她自己经历过的手足之争。不同的是，这一次，她自己的孩子开始相互嫉妒时，她可以冷眼旁观。这一次，她是赢家。

你永远无法取悦她

尽管如此,很多成年后的自恋型母亲的女儿仍坚信母女关系可以修补,然后母亲会更爱她们一些。

你自我催眠般地以为她时刻惦记着你的幸福。而这种渴望如此强烈,可能出乎你的意料。

简:"前几天,我去看妈妈,吃过午饭之后,她对我说她在衣橱深处找到了一本相册。她把相册放在茶几上,我们就一起看。里面全是我小时候的照片,还有一些是当时我们一起去纽约旅行时拍的。我有好多年没看过这些照片了,我们坐在那儿看了很久很久,它们唤起了很多儿时的回忆。我无法相信,但我真的很想念那时的妈妈。我只是希望自己可以让她高兴。"

我不得不遗憾地说,这几乎是不可能的。让自恋型母亲高兴几乎是不可能的事。

女儿们拒绝接受这个事实。她们一直努力做到言行得体,希望极少表达喜爱和鼓励的母亲可以对她们说"谢谢"或者"我爱你"。黛娜,就是在本章开头你看到的那个"戏剧女王"的女儿,对我说了这个心酸的故事:

黛娜:"妈妈 65 岁生日时,我决定给她开个派对。我打算开个别开生面的派对,从外面的餐馆订美食,然后用气球装饰房子，我想她应该会喜欢的，她将会被众星捧月，肯定会高兴得不行。我请了几个亲戚，还有妈妈的几个朋友。

"我花了好几天时间找合适的礼物。我知道她喜欢亚洲古董，最后找到了一尊精美的中国古董雕像。这尊雕像价格不菲，如果要买它，我就不得不动用自己的存款，但我想：'管它呢。'她拆开礼物的时候，我明显看得出她不喜欢这个礼物，而且她也不打算掩饰。客人离开之后，我觉得非常失望。第二天早上，她打了电话过来，我理所当然以为她是想要感谢我，因为派对办得真的很棒。但事实并非如此。她说的第一句话甚至连'嘿，你好吗？'都不是，而是'为什么你要让大家都知道我有多老？有的人根本不知道我的年龄。你是不是故意想让我丢脸？'。

"当时我真想哭。无论我怎么做她都不满意。"

因为自恋型母亲的自我参照视角，并且无论何时都希望自己表现完美，所以即便是最善意的举动或言辞都可能会被她扭曲。如果她觉得某些事有可能让她难堪或以任何形式贬低她，那你也许就会发现迎头而来的是她猜疑意味浓重的指责。目前，自恋症和偏执狂之间是否有关联尚未有充分的论证，但当自恋型母亲把你的善意之举看成是蓄谋让她出丑，你就会发现这两者是有关联的。

所见即所得

患有自恋型人格障碍的母亲有时候会口头答应接受治疗，这让你萌生某种希望，但实际治疗过程中她们往往不太配合。她们缺乏改变的两大要素——自我认识和自省能力——这使得心理咨询几乎变成了打哑谜。只要她们找到不关注、不迎合她们的任何人，就能为自己的伤人行为完美推卸责任。她们很擅长这些，因为这是她们自我感觉良好所仰赖的基础，她们没有理由去做改变。

这类母亲被根深蒂固的人格障碍所控制，她们的行为不仅仅受情境影响，也是听从内心驱使的结果。

请不要忘了，当我们在这条艰难的道路上探索时，你和母亲的内心世界是截然不同的。你曾经被她的行为伤害过，也背负着痛苦走了很久，但不会一直都这样。就像我想通过这本书传递给你的那样，不管她对你说了什么，你是健康的，你可以改变。

第三章

过度纠缠型母亲

——

"你是我的一切。"

也许你曾经听说过著名的人道组织——无国界医生组织，而本章将要向你介绍的是另一个群体——无界限母亲。过度纠缠型母亲指望女儿能满足她对陪伴的需要，赋予她一个有意义的身份，给她一种错位的刺激感：你是她的一切。

有的时候，过度纠缠型母亲给予的这种亲密感，看似是全天下的女儿在所有年龄段都渴求的。母女之间的确有温情流动，她也会真诚地欣赏你和你所取得的成就，但她对于"亲密"的定义，即使你在很小的时候也能感受到，是会令人窒息、有侵略性的和单方面的，无论你是否喜欢她都会坚持如此。这类极端的母亲不会任你自由发展，她把自己的意愿强加在你身上，参与你的计划，将自己置于你的世界的中心，并认为这一切都是爱你的表现。当你渐渐长大想要自己拿主意了，想让她知道你有自己的需求和愿望，尤其是有些需求愿望与她无关，每当这时候，不做抗争，她极少会放开对你的控制。

和其他爱无能的母亲一样，她把自己放在第一位。即使你已经开始独立生活，她仍希望你像小时候那样，一步都不愿离开地黏着她。她的承诺和赞赏在你有了主见之后便消失殆尽。如果你不按照她的要求和愿望去做，她还会想办法让你产生负罪感。

翠西：亲密无间怎么变成了束缚

翠西，26 岁，是一名助教，她打电话向我求助，因为生了第一个孩子之后，家里的关系变得很紧张。我问她是否清楚其中的原因。

翠西："我考虑了一段时间，觉得妈妈应该给我一点私人空间，因为她总是罔顾我们的计划，想要和我们一起，我丈夫道格对此颇有怨言。我已经习惯她了，不管怎样，我和妈妈非常亲近。但当我的孩子莉莉出生之后……虽然我不愿意承认，但我丈夫是对的：我妈妈失控了。"

我让翠西举例说明。

翠西："我在产房里生产的时候，只希望道格能陪在我身边。于是，他对我爸妈说他们得先在产房外等候。我妈妈非常不快，她说她应该陪在我身边。道格礼貌且坚定地回绝了她。产房门外有个按铃，让我惊恐的是，妈妈每两分钟就要按一次铃。有个护士开了门，她便要求进入产房，护士说我不希望其他人进去，然后我妈妈就开始哭了。'我要和我女儿在一起，'她一直重复这两句话，'我的宝贝女儿需要我。'护士关上门，妈妈就一直不停地按铃。最后，我丈夫不得不走出产房，约束她不让她按铃。她只是无法忍受离开我身边，这听起来似乎是好事，但我真的不想她留在那里，我只想道格陪着我。对于发生的这一切，他非常生气，妈妈也不和我说话了，我觉得非常非常愧疚。"

对翠西而言，这种压力、紧张和愧疚感司空见惯。她的母亲珍妮丝，怀上翠西的时候还在护士学校上学，为了抚养她，母亲选择了辍学。"妈妈为我放弃了一切。"翠西向我述说了一个很常见的家庭故事。翠西对我说，因为婚姻失意、没有工作，珍妮丝内心深处感到十分空虚。但她还有女儿，于是，翠西成为她的伴侣、知己，甚至是活在这世上的唯一理由。

翠西："我记得8岁那年，有一次看完电影搭地铁回家。她伸出胳膊揽着我，对我说：'你绝对是我最好的朋友。你这么聪明，有你陪着，我非常开心，我和你爸爸在一起一点都不幸福。'我听了觉得很自豪，心底却有些不舒服。当你 8 岁的时候，你不会想当妈妈最好的朋友。你希望的是她能和爸爸亲密无间，也希望她能有自己的朋友。你只想当她的小女孩。"

翠西告诉我，母亲的婚姻一直都不顺。珍妮丝和翠西的生父结了婚，但他们并不适合当夫妻。婚后不久，他开始晚归，随后又出轨，他的所作所为驱使珍妮丝需要从别处寻找慰藉。于是，她转向翠西。她躲到女儿身边，女儿的陪伴和毫无保留、没有半分苛责的情感就是她唯一能得到的无条件的爱。

所以珍妮丝用近乎爱慕的感情包裹着年幼的女儿。妈妈说，比起其他任何人，她更愿意和女儿在一起——这怎么会是坏事呢？但即便当时只有 8 岁，翠西也察觉到了不对劲的地方。

珍妮丝这样的母亲非常尽职，不会对孩子疏于照顾，女儿小的时候，虽然可能犹豫过，但她最终决定保护她的宝贝（无论孩子几岁，她会一直这样称呼他 / 她）免受挫折和困苦。她会努力让孩子取得好成绩，或是拿到生日宴会的邀请，或是大家都想要的某种身份的象征，这些看起来无一不是她爱孩子的表现。但当女儿想要脱离掌控，想要独自探索，并表达自己的渴望时，以上这些行为的消极内涵就会极端显现。也就是在这个时候，母亲所认为的亲近、爱和母女关系深厚，才暴露出这不过是一种精心设计的束缚的本质。

在健康的关系中，母亲和女儿之间应该是包容、可延展的，它能允许距离、矛盾和差异的存在——包括观点、情感、需求和欲望的差异。理论上来说，孩子第一次测试母女关系大概是在"叛逆的两岁"时，以对母亲说"不"的形式，她会发现即使坚持自己的意见、拒绝母亲，母女之间的爱也并没有消失。她可以安心地做自己，并且相信依然可以和母亲保持亲密关系。

随着孩子一天天长大，她会迈出大步独自探索世界，她会摔跤，也会犯错。如果她运气好，母亲就会是她的避风港，哪怕做了一些蠢事或者叛逆的事，也依然能够得到母亲的关爱。尤其是在青少年时期，当女孩们开始琢磨自己是谁，开始挑战边界，开始了解被称为男孩的"外星生物"，开始决定自己想要成为什么样的女人。有爱的母女关系即使有时会看起来破裂、不稳定，但表面之下包容认可的暗流一直在涌动，这就能给予女孩们成长、发展以及成为独立个体的勇气。

而这些都不在过度纠缠型母亲考虑的范畴内。她们中的许多人，除了认为母亲就是自己全部的角色设定和价值所在之外，这一身份还可以缓解常见于她们身上的对被人抛弃的恐惧。她们中有些人有伴侣、工作和自己的朋友，但这些角色都不如当一个被孩子所依赖的母亲重要，母亲的角色甚至能让她们感觉自己找到了失落的一角从而变得完整。她们想要的"亲密"涵盖方方面面，以至于就像俗语所说的，她们和女儿的角色"你中有我，我中有你"。

过度纠缠型母亲把幸福的负担压在你身上，她们不会教你如何建立自己的生活，而是用情感的锁链将你桎梏，不让你离开她们身边半步。

独立是不被允许的

过度纠缠型母亲会把正常和必要的独立视作失去和背叛，每当你想要长大，想要脱身，想要离开，她们就会竭尽全力把你拖回来。

像女儿离开家去上大学这种自然的转变，会频繁地引发情绪放大版的空巢综合征。当翠西高中毕业时，甚至早在那之前，珍妮丝都有很多机会可以选择更好的生活。她本可以重回校园、毕业后工作，也可以给丈夫和自己寻求婚姻辅导。没有人阻止她。但她总是习惯于依靠女儿来填补自己的空虚，以至于这一次，她仍然做了同样的选择：

翠西："我上大学之后的日子才难挨。就因为我要去其他州念书，她一直大惊小怪的，后来发现她姐姐住在我上学的大学城那边，她才罢休，因为她可以借口去看姐姐来查我的岗。我妈妈有个很让人恼火的习惯，总是'顺便'来看我，还会随时打电话。如果我回家晚了，电话响个不停，那肯定就是她，她想知道我约会的任何细节。感谢上帝，当时还没有手机。现在妈妈的电话就像是让她上瘾的药一样，她时不时就给我打电话、发信息，要和我网上聊天，特别是如今我生了孩子之后。虽然这样说有点吓人，但我感觉她就在我的口袋里，在监视我。妈妈牌GPS，她总是能知道我在哪儿。"

不少母亲和翠西的母亲一样，她们可能会不停地说"我很高兴我们可以一起体验这件事"或者"我很高兴可以陪着你"，却很少去想她们的到来是否受欢迎。她们把自身的需求和为你们二人创造的幽闭世界视作是一份"特别的礼物"，认为作为另一方的女儿都会喜欢。

由此，女儿们意识到自己的义务，是通过与母亲保持亲密、将她作为自己生活的中心，从而使母亲快乐。

斯黛茜：被母亲的馈赠束缚

虽然这种窒息的方式令人感到十分沮丧，但有时（至少在某一瞬间），母亲的纠葛能使女儿有被爱的感觉。就在你特别需要的时候，过度纠缠型母亲会给你提供金钱、资源或是生活经验——这对你而言简直是雪中送炭。

但是，问题也会随之衍生。

有时候，母亲的帮助过于慷慨，会让女儿觉得亏欠母亲，也会让女儿产生可能带来严重后果的依赖感。为了阻

止你自立，她努力成为你生活中不可或缺的人。有时真的
会通过这样的途径，她正式进驻并掌控你的生活。

斯黛茜，37 岁，一位运动员。不久前，她和一个小
型建筑公司的老板结了婚，然后就在丈夫公司里上班，帮
忙打理生意。因为不堪忍受她母亲贝弗莉对他们生活的不
断侵扰，斯黛茜的丈夫给她下了最后通牒。于是，斯黛茜
找到了我。斯黛茜很困惑，因为在她看来，母亲曾经给过
他们夫妇很大的帮助。经济不景气，建筑公司的生意很艰
难，他们需要稳定下来，尤其斯黛茜还带着两个孩子——
她与前夫所生的 8 岁的儿子和 6 岁的女儿。这个时候，她
最不愿意看到的就是和丈夫有矛盾。

斯黛茜："他的原话是让我在妈妈和他之间做个选
择——他说他没想到会和两个女人结婚！他说他十分爱
我，不想放弃我们的婚姻，但实在快被我妈妈逼疯了，他
也无法忍受每次我妈妈一出现，我就变得怯懦没有存在感。
他说他内心充满愤怒和怨恨，再也受不了了。我爱妈妈，
也爱他，我真的感觉左右为难。"

我让斯黛茜详细说说事情是如何发展到这么严重的地
步的。

斯黛茜："我妈妈是房地产经纪人，赚了很多钱，她
买下了她隔壁的房子，然后低价租给我们。我感觉就是从

这个时候开始，事情变得越发不可收拾。当时我们刚结婚不久，手头拮据，布伦特公司的收入和我的工资加起来也仅够维持每月的开销。妈妈买的这栋漂亮房子我们住着几乎不用付租金。所以我觉得，真是太棒了！妈妈还说：'我可以帮忙做饭，孩子们放学回家之后，我可以帮忙看着，这样能帮你们省掉一大笔钱。'在当时看来，那真是一个非常棒的提议。另外，我觉得她和我们住近一些，就不会那么孤单了——几年前，她和我爸爸终于离了婚，我哥哥他们又常年在外地生活，所以她身边的亲人只有布伦特、我还有我们的孩子们。我看得出，退休之后她一直都郁郁寡欢……所以当时我觉得这是一举两得的好事……她会过得开心，而我和丈夫也可以喘口气。布伦特很抗拒住在她隔壁，但架不住我再三恳求，最后他还是妥协了。"

一般来说，两代人住得太近不是什么好事，但其实贝弗莉只要能尊重女儿女婿的隐私，让他们有独处时间，那事情还是有法可解，至少可以得到暂时性的缓解，但贝弗莉却选择了完全相反的做法。

斯黛茜："她无时无刻不在我们那儿。我们总想着对她要客气一些，她毕竟帮了我们很多，但结果是我们变成了'三个火枪手'。如果我们没有邀请她一起吃饭，她就会好几个小时不和我们说话。我们给了她一把家里的钥匙，本意是想让她在我们上班的时候可以进出自由，但她却不管白天晚上，想来就来。以至于只要我听到'哈喽，有人在家吗？今晚电视里会播一部很不错的电影，我想和你们俩一起看……'，就会下意识地瑟缩。几乎每天晚上，她都要在我们家待到很晚才回去。往往这时，我们已经被拖得筋疲力尽，上床倒头就睡。我们结婚才不到两年，就几乎没什么性生活了。"

斯黛茜终于开始意识到，和低房租、有人帮忙做饭及照看孩子的便利比起来，她付出的代价更大。实际上，贝弗莉几乎已经是搬进了她的家，而布伦特与斯黛茜的婚姻岌岌可危。

和其他过度纠缠型母亲一样，贝弗莉表现得就像斯黛茜没有自己的情感需求一样。她让自己成为斯黛茜最重要的人，正如她之前所做的，她进驻女儿家的客厅，也踏足女儿的婚姻。她会告诉自己和女儿，她只是在尽母亲的责任，是在帮女儿减轻压力。不可否认，她对女儿的帮助是实在的，但对她们母女而言，这些帮助实质上是贝弗莉想要和女儿保持亲近的借口。斯黛茜"欠"母亲的越多，她在要求享有成年人最基本的自立的权利时，就越有负罪感。而对贝弗莉来说，她也因此觉得比以前更有资格宣扬自己在女儿生活中的主导地位。

"让我帮你做"的陷阱

这不是什么新奇的模式。这种依赖与被依赖的关系衍变成错综复杂的迷网，斯黛茜与贝弗莉一直被困其中。

斯黛茜："我是家里的问题儿童。六年级的时候，我被查出有轻微的学习障碍，在此之前，念书对我来说一直是件非常痛苦的事。妈妈一直觉得我懒，于是她不停地激励我，让我参加不同的新活动。我猜你会说，我就是她的一个工程项目。她为我做了很多事，有时候甚至还会帮我写作业。她对我的呵护无微不至，却总是认为我自己什么事情都做不好，即使是我十分擅长的体育运动。她总是会关注哪些事我无法完成，并帮我做好。我知道我需要帮助，我也很高兴她能帮我，却始终觉得离了她我就会一事无成。她总是对我说'你确定你想上戏剧课吗？这门课可是要读剧本的'之类的话，然后我就会觉得自己很笨。最后，有位老师建议我去做测试，结果测出我有阅读障碍。顿时，我解脱了。我有了家庭教师，进了特殊教育班，情况好了很多。但妈妈对我的态度就像是，因为阅读对我来说是件难事，所以我其他事情也做不好。她对我实在是过度保护了，如果我和朋友一起出去吃饭，我一点也不意外她想跟着一起去，这样她就能在点比萨的时候帮我看菜单了。"

作为一个母亲，自然不忍孩子受苦，所以她伸出援手竭尽全力帮助孩子是在情理之中的。但健康的亲子关系中，目标始终是让子女独立。而尽管在母亲给予的帮助下长大，斯黛茜却非常不自信，她总是只看到自己的弱点，很少想着发挥自己的优势。

过度纠缠型母亲向女儿灌输"我自己无法做到"的观念，让女儿裹足不前，并造成女儿严重缺乏自信，这样，她就可以乘虚而入。所谓的"解救"女儿让她自豪，让她觉得自己很有能力，从而使她获得满足感，但她几乎没有意识到，在这过程中，她完全忽略了女儿是一个独立的个体这一事实。就像斯黛茜意识到的那样，她是母亲的一个工程项目，是折翼的小鸟，时时刻刻都需要呵护。母女俩越是以这种方式看待她们的母女关系，斯黛茜就越难开展自己想要的完整生活。

自从高中毕业之后，斯黛茜的生活几乎没发生什么变化。母亲说服她上社区大学，并且就住在家里。大学第一个学期，在斯黛茜觉得念不下去决定辍学时，母亲立刻就在自己工作的房地产公司里给她安排了一份工作。她将女儿保护在肥皂泡里，从不给她失败的机会。于是，斯黛茜从不需要学会坚持、学会克服困难、学会受挫之后重新振作。

斯黛茜："后来，我厌倦了妈妈公司的工作，开始想做自己喜欢的事。我对房地产不感兴趣，也不喜欢开着车四处带人去看房。我去了一家健身房，开始做私人教练，这是我一直想要做的。再后来，我认识了一个男生，他是我的会员，总而言之，我就和他闪婚了。我以为自己终于独立了，还很开心。我们有许多共同点，也确实幸福了一阵。然而好景不长，生下泰勒之后，问题就来了。最开始是我指责他家务做少了，而他渐渐不珍惜我，并且经常大发脾气。于是我干了一件蠢事，我把这些告诉了妈妈。妈妈理所当然是站在我这边的，于是我越跟她聊这些，就越难以站在马克的角度考虑问题。妈妈总是说：'回家吧。你没必要过那种日子。'我们的矛盾激化之后，我带着孩子回了几次娘家。妈妈说我们想住多久就住多久，不用担心钱的事。我第二次回娘家的时候，马克很恼火，他说他受够了我们母女。至此，我们的婚姻再无挽回的余地了。"

女儿的婚姻破裂了，贝弗莉让她重新住了回来。那是她人生的低谷期，斯黛茜对我说，不过她觉得自己最近开始转运了。看起来母亲对她的第二任丈夫布伦特颇有好感，而且还给他们提供了一套房子，斯黛茜觉得自己松了口气。

但事情并没有朝着她希望的方向发展。一方面，布伦特情有可原地觉得在这对"相依为命"的母女面前，他就是个局外人。而斯黛茜呢，和那些过度纠缠型母亲的女儿一样，面临着一个问题：想要同时取悦两个她生命里最重要的人，然后发现自己根本无能为力。她要疏远谁？母亲，还是丈夫？她觉得自己仿佛置身于一场生死攸关的情感拉锯战，活生生被撕成两半。

斯黛茜："我意识到，作为一个成年人，我的大多数重要决定还都是以取悦妈妈为前提条件，怎么做她会开心我就怎么选。我还意识到，有些时候，我甚至把妈妈排在丈夫前面——真是病得不轻。我的第一段婚姻就是这样结束的，现在，我的第二段婚姻也岌岌可危了……"

我告诉斯黛茜，我能够帮助她解除危机，但首先她必须得改变自己，让自己变得有自信。她和其他过度纠缠型母亲的女儿一样，无法打破自己一半是孩子一半是女人的身份。

劳伦：学会接受无法接受的事

劳伦，46 岁，职业是股票经纪人。她刚离婚不久，带着两个十几岁的女儿。离婚过程的各种艰辛、成为单身母亲以及工作的多重压力迫使她来寻求我的帮助。很快，劳伦就向我吐露了她所承受的相当一部分压力还来自母亲长期以来都惯于无视她的规划和隐私。

劳伦："上班期间我只会感觉轻微焦虑，但到了周末焦虑症就会全线爆发。周六的时候，我通常是陪孩子，然后出去吃晚饭，有时候和约会对象，有时也会和闺蜜一起。到了周日，问题来了……我和妈妈一直保留着一个习惯，我离婚前也这样——每个周日，妈妈会到我家里来吃午饭，然后，她通常会待到晚饭过后再回去。大约八个月前，我爸爸因为癌症过世，而妈妈还没规划好接下来的日子要怎么过。她说，她现在活着就是为了我和我的女儿们。每周日正午，妈妈准时出现。我很怕周末，我会从周六早上就开始焦虑，所以她的'每周一访'把我的整个周末都毁了。她的惯例把我压得喘不过气来。"

我让劳伦举个具体的例子。

劳伦："……上周日，妈妈和以往一样又来我这边。我是一个专为洛杉矶爱乐乐团募款的社团的成员之一，所以我收到了一份乐团表演的邀请函。当时，我正在做饭，妈妈和平常一样在屋子里东翻西看，自然而然地，她看到了桌上的邀请函。我本来是打算自己一个人去的，因为我觉得可能会在那里遇到什么有趣的男人也说不定——不过，在看到妈妈手里扬着那份邀请函走进厨房的时候，我知道，麻烦来了。"

我："等一下。她是在翻看你的东西吗？"

劳伦："噢——在我小时候，她就这样了——我觉得我都已经习惯了。"

劳伦告诉我，她母亲总是坚持"母女之间没有秘密"，这句话也意味着，几乎没有隐私可言。

劳伦："我不知道她为什么会那样，但经常会听到'没有秘密'这句话。我很小的时候不会多想，但当我上了四年级，交到第一个真正意义上的好朋友安娜时，这成了个大问题。我们经常到对方家里串门，有一天下午，好像是她喜欢的男孩给她递了纸条，我就把房门关了起来，我们在房间里咯咯笑个不停。几分钟后，妈妈推开门，用幼儿园老师的腔调大声对我们说：'不要关门，谢谢！'随后，她走了进来，翻看我们之前放的唱片，看我们在玩的游戏。接着，她又在我的床上坐下来，似乎想和我们一起聊天……最后，我说我们要去骑自行车，这样我俩就可以从房间里离开了。我和安娜把这件事当成笑料，但她不再像以前那样频繁地来我家了。妈妈那句'不要关门'，让我觉得自己就像个小孩。我妈妈……在我还很小的时候，她讨厌我进卫生间的时候没把门留条缝，因为这样她就不能'和我说话'了。"

多年来，劳伦和母亲之间的界限一直模糊难辨。她的母亲仍然不请自来——也没有被阻止——擅自干涉女儿的生活。我告诉劳伦，我们的首要目标之一，就是让她不再习惯于把一切都向母亲毫无保留地开放。劳伦对我说，母亲在厨房里发现那张爱乐乐团的邀请函后，就一直念叨到了晚上。

劳伦："她对我说：'这听上去就是一个很不错的聚会。你爸爸死后，我就再也没被邀请参加过这样有趣的活动了。你知道的，我很喜欢和文雅的人打交道……别把我撇开。'随后她又说道：'我们一起去不是很有意思吗？……亲爱的，这就是我们女孩子的派对，'她伸出胳膊环住我，'我何其幸运，能有你这样的女儿。'

"她的举动让我猝不及防，所以我傻乎乎地对她说了真话，我说我本打算一个人去的……我真该说我和别人有约，但我实在是没办法对她撒谎……而且当时我十分内疚，根本不可能拒绝她……当然我从来也没办法拒绝她……于是，我带上了她，然后整个晚上真是糟糕透了。她不允许我离开她的视线半步，简直把我当作牵了绳的宠物。我觉得被她操控，我觉得窒息。我根本没法过自己的生活。我身体里的每一个细胞都渴望能够得到自由，但我办不到。我究竟出了什么问题，苏珊？"

我告诉劳伦，她没有任何问题，但她和母亲的关系有很多问题。是她在纵容母亲吞噬她的生活，她必须学着如何拒绝母亲。

过度纠缠型母亲爱的法则

正因为握有"亲密无间"这张全方位通行证，过度纠缠型母亲得以霸占你的空间和时间。她可能会口头答应尊重你的隐私，实际上依然忽视它的存在。因为她把自己视为你"最好的朋友"，她觉得自己有资格看你桌子上的东西，翻你的抽屉，参加你的聚会，让你邀请她一起喝酒，甚至未经允许就溜进你的房间。

倘若她丧偶，或离了婚，她理所当然会悲伤、痛苦、愤怒，会有羞辱感和被遗弃感，这个时候她可能会不动声色地扩大入侵范围。她希望你能帮她排解孤寂、填补社交的缺失，基本上就是取代她的伴侣。

她利用、扭曲爱的含义以融入你的生活。这不单单是语义理解的问题，如果你留意她说出的一些话背后的行为，比如她所说的"我爱你""我们很亲密"以及"你是我最好的朋友"，你会发现一连串的条件、限制和规则随之而来，这些几乎与爱无关，更多的是为了抹杀你的独立人格。

在过度纠缠型母亲看来，爱是：

- 你是我的一切，所以你得让我幸福。
- 离了我你活不了，我也一样。
- 你的生活必须一切有我。
- 你对我不能有任何秘密。
- 你必须最爱我。

- 如果我要的你不想要，就说明你不爱我。
- 说"不"意味着你不爱我。

她给你的爱，有相当一部分是极端的，是过分依赖和限制性的，但这就是你所知道并渴望得到的爱。你不了解，爱是自发性的相互支持、鼓励、认可和喜欢，爱是有足够的空间可以自由呼吸；而你所学到的是，无论自己是否愿意，你都需要通过给予他人他们所想要的来争取爱，你自己的需求和想法不在考虑范畴之内。

过度纠缠型母亲极少允许她和你的关系超出自己的设定。对她来说，最重要的就是保证她和你的角色不会转换，以及你心甘情愿地受她控制。"让一切维持原样"，她就会觉得安全、舒适、一切尽在掌握中。她会保持那些习惯和活动以巩固自己身为母亲的地位，并确保自己在你的生活里排在重要的位置。

这些习惯本身并不是不健康的。一些重复的行为能带来滋养我们的温暖与亲密感。比如在感恩节吃火鸡，或是在重要的场合举办家庭聚会，如果这些活动是自愿进行的，无疑能带来很多欢乐。但如果是抱着完成任务或者愧疚的心态去做，这些活动就会变成牢笼。

劳伦："每天晚上，我都得向妈妈汇报当天发生的事。倘若我哪天因为工作太忙没能向她汇报，她就会非常失望和不安——所以，我觉得确保每天能向她汇报，比没完没了的解释要轻松得多。感觉这就像是我永远没法摆脱的义务……我也曾向自己保证，一定会和她交涉，然后设立一些界限，但当晚上拿出手机拨号时，就又鬼使神差地回归往常了。"

对一个通过这种生活仪式和你亲密相连的人，你几乎没有办法说"不"，你们的亲密关系里不仅包含了你对她的爱，甚至还包含了恐惧、责任和愧疚。这三种情绪形成的邪恶三位一体是过度纠缠型母亲的必备法宝，你经常会听到这些女儿说"如果不按照她的想法去做，我会很愧疚"，或者像劳伦说的"感觉这就像是我永远没法摆脱的义务"。

当你相信爱就是不惜一切让其他人快乐时，爱对你而言就意味着放弃自己的欲望。如果你想偏离这种关系，恐惧、责任和愧疚就会开始启动。你害怕母亲不再爱你，不再关心你。作为女儿，你会觉得自己有义务让她快乐。让她伤心失望你会愧疚，表达真实感受你会愧疚，对她发牢骚你会愧疚，抗拒她的过度关爱你也会愧疚。

这些错综复杂的感情混合在一起，就像万能胶一样，把女儿和过度纠缠型母亲紧紧地黏在一起。

纠缠是双向的

本章我们所提到的所有女儿都表示，她们既愤怒又沮丧，她们非常想摆脱母亲的钳制，那是什么阻止了她们呢？为什么她们不直接说"够了"？她们在害怕什么？

过度纠缠型母亲的女儿无论处在哪个年龄段，25 岁也好，35 岁也罢，甚至在 55 岁的时候，她们的心理年龄都要比生理年龄小很多。事实上，我们会看到这样的极端反差：表面看来是能力卓绝、办事高效的成熟女性，内里却是一个怯懦的小女孩，而且还没有摆脱孩童时期的原始恐惧——如果离开母亲，她就不会再爱我，如果她不再爱我，我就没办法活下去。一直得到母亲帮助的女儿还会面临额外的挑战：没有母亲的帮助，她们对仅靠自己让生活正常运转的能力没有信心。

长期依赖着母亲生活，以至于习惯了这种依赖，女儿们不知不觉和母亲签下了一份终身契约，自愿把大部分的自主权和成人后的大部分时间交到母亲手里。即使体内那个健康的你在烦躁、在抱怨，你也情愿坚信"如果离开妈妈，我没法生存"，遇到她不赞同或者失望的时候，你觉得让步是唯一合理的选择。

过度纠缠型母亲精通于利用愧疚。她们会汇总各种不公，细数那些让她们不开心的事，将它们作为你需要为她们付出更多的理由。她们会采取最巧妙的方式来达到自己的目的。她们会说："我就盼着和你一起吃午饭了。我实在是太失望了……你没和我说过你要去看那部电影，你明知道我也想看。"她们不需要大声嚷嚷，有时候甚至可以一言不发，因为从小时候开始，女儿们就已经熟于解读母亲各种表情和眼神中的大量含义。即使不利用女儿的恐惧心理和责任感，这类母亲也几乎都可以达到目的。因为只要能避免产生愧疚感，大多数女儿愿意做任何事——愧疚让她们觉得"让妈妈失望"是最糟糕的事。

如果你想要取消周末和母亲的日常见面，以便能在疲劳紧张地工作一周后去按摩放松一下，你就会觉得自己有罪。她已经给你设好了程序：把自己放在首位是罪，想要不和她一起吃早午餐、和你的男朋友待在一起，或者独自思考都是罪大恶极。

亲身经历时，你很难清楚地意识到这是纠缠型的母爱，因为你一直在这样的环境下长大，它就是你所面对的现实。但只要隔开一点距离，作为成年人的你就能发现它的真面目：一种极度不健康的需求交换。

事实是这种让人窒息的共生关系，既无法让你成长，也无法给你安全感。你的心智不会成熟，永远只能是胆小怯懦、依附母亲的孩子。

成人拥有选择权和自由

如果你有一位过度纠缠型的母亲，可能你会非常害怕被遗弃，害怕分离。你可能会过度依赖丈夫或孩子。你会踌躇不前，因为你对自己的能力和适应力没有自信。你能清楚地知道如何取悦母亲，却很难让自己的内心满意。

第四章

控制型母亲

——

"我说了算。"

- 如果你嫁给那个男人，你就不再是这家里的一员。
- 如果你接受这份荒唐的工作，还要搬出去，从今以后你就别想从我这里拿到一分钱。
- 如果你不送孩子们去那所学校念书，以后就别指望我会帮你。

以上是伤人又专断的显性控制型话语的几个例子。这些话毫不含蓄，没有借着"我爱你"这一理由进行的控制，就像我们之前看到的，过度纠缠型母亲才会把命令伪装成爱。而显性控制是专制的，常常不讲道理，充满了贬低和欺凌，给你非常直白的命令，还会警告你不服从就会有严重的后果。

孩子很小的时候，进行控制是适当的。小孩子容易冲动，又没有生活经验，因此需要保护。他们还有许多规则待学，还有许多危险待懂，这个时候母亲给他们定规矩、明确地对他们说"不"，都是有效的教育和引导。在这一阶段进行的控制不仅能让孩子感觉很安全，也能提供实际的安全。但逐渐放手让孩子自己成长是育儿的一个重要过程，如果母亲过度控制，不给孩子成长的自由，她的行为就是无助益行为，也不能称之为爱了。

控制型母亲会采取高压手段、尽可能长久地严格控制女儿，有时候甚至持续到女儿成年之后。这种控制会产生极大危害。就像过度纠缠型母亲一样，控制型母亲往往会让你依赖她，然后去利用你对她的依赖。从始至终，她都声称"这是为了你好"。然而，事实是不幸的，摆布你会让她满足，并给她一种她生命中常常缺失的掌控感。对控制型母亲而言，把你困在这种权力失衡的母女关系里，是她获得幸福和满足的关键。

或许最让人困扰的是，即使成年后，你奋力逃离她的掌控，却发现自己很难甩掉她的控制带给你的巨大愤怒和怨恨。你可能自己也变成一个控制狂，想要控制其他人，也可能会出现相反的情况：你总是会优先考虑别人的需要。控制型母亲的孩子通常都会有这些特性。

凯伦：我觉得处处受摆布、被欺压

凯伦，27岁，百货公司的销售人员，茶色头发。首次见面，她就立即告诉我她遇到了大麻烦。最近，相恋多时的男朋友向她求婚了，然而，听到他们即将订婚的消息时，凯伦的母亲夏琳大发雷霆。她一直不喜欢凯伦的男朋友，现在不仅对他大肆谩骂，还威胁凯伦如果坚持要结婚，就跟她断绝母女关系。凯伦对我说，她害怕接下来将要发生的事，但她很清楚自己有必要远离母亲这种专横的干预。

我让她说得详细一些，她的话匣子顿时一股脑就打开了。

凯伦："我知道这一天终究是要到来的。我觉得能和一个这么出色的人在一起两年是一种奇迹，但我妈妈不这么认为。首先，丹尼尔是拉丁裔，同时也是天主教徒，妈妈很看不惯这两点；其次，丹尼尔是小学数学老师，还是足球教练，他和小孩子相处融洽，还拿到了好几个高等学位，所以其实他在授课科目上可以有更多的选择。这听着像只会在梦里出现的人，对吗？可妈妈瞧不起他，她总是一脸轻蔑地称呼他为'你的小体育老师朋友'。从我认识他开始，妈妈就一直嘲笑他。我喜欢的人就没有一个能入她的法眼，更何况是'一个移民'——她也是这么称呼丹尼尔的。

"我和丹尼尔在一起之后，尽量不让他和妈妈碰面，我以为这样就安全了，以为我自己可以摆平这件事。每次妈妈给丹尼尔难堪之后，我都向丹尼尔道歉。每次她说'你怎么能和这样的人来真的'，我就尽量转移话题。这真没什么可争的。丹尼尔向我求婚后，他坚持要一起去见妈妈，让她看到我的戒指。我想一个人去……因为我知道这太疯狂了。最后，我们还是一起去了。那简直就是一场灾难。

"妈妈根本就不打算客气，她把戒指、丹尼尔和他的家人挨个儿抨击了一遍。丹尼尔火冒三丈，但一直努力礼貌地对她。最后他说：'我很遗憾你会有这种想法。来吧，亲爱的，我们走吧。'妈妈看着我，她说：'如果你坚持要和他结婚，你就不再是我的女儿。不要认为我只是说说而已。你现在是在毁掉自己的人生，就像你以前经常做的那样。如果你要和我作对，尽管去吧！但别妄想我会帮你筹办婚礼，也别想我会再帮你做其他事。'

"当时，我僵住了。最后，我对她说：'对不起，妈妈。'丹尼尔露出极度受伤的表情，他对我说：'我简直不敢相信！你根本没做错事，为什么要道歉？'我不知道该说什么，也不知道该做什么。我只是站在那里哭个不停，直到他拉着我走了出去。"

凯伦说，从那天之后，她一直心慌意乱，因为不知道该做什么，也不知道怎么才能处理母亲和丹尼尔之间的冲突，她分明已经很努力地想要避开这些。我问凯伦，如果达不到目的，母亲是否真的会和她断绝母女关系？

凯伦："当然。她一直打电话给我，让我和他分手。

前几天晚上，她在我这里待到凌晨两点，长篇大论地教育我犯的是多么大的错误，还说她不想要我和'那种人'生的外孙。我说我不想谈这些，但她根本不理会。她理所当然地觉得她能做主。我对她说：'妈妈，请你回家吧。'她答道：'你说你不会和他结婚，我就回家。'

"我觉得处处受摆布、被欺压。我厌倦了她干涉我的事，但她是我唯一的家人，虽然有时她对我不好，但我不想失去她。我也讨厌自己没能为丹尼尔辩护。我不想再当懦夫。虽然这样说很对不起妈妈，但我真觉得除了控制我，她没为我做过任何事。在我很小的时候，她就和我爸爸离了婚，我甚至不知道现在他在哪儿。她总是对我发号施令。她让我做的每一件事都是为她自己好，而不是为了我。我穿什么、吃什么、和什么人交朋友，甚至连年少时参加什么活动都要受她控制。现在，她理所当然地觉得也能控制我和什么人结婚。"

被控制的女儿很容易成为受气包

凯伦和母亲摊牌订婚的冲动其实早有伏笔。自打离婚之后，夏琳在母女关系中扮演的一直都是独裁和掌控者的角色，她经常通过批评来折磨凯伦。她满足了女儿的物质需求，很多人认为这就是爱了，但她极少对女儿有情感的馈赠。凯伦告诉我，夏琳经常嘲笑她，尤其是夏琳的朋友在场的时候。因此小凯伦经常会发现，大人们总是用一种不友善的眼光打量她。

凯伦："我妈妈认为自己很有幽默感，但实际上她就是刻薄，尤其是对我。如果我不想穿她选的衣服，她就会贬损我嘲笑我。七八岁的时候，我在商店里自己挑中了一条裙子，当我从试衣间走出来的时候，她转向和我们一起逛街的她朋友，说道：'谁能想到我女儿的品位会这么差？'当时她们笑得很起劲。我根本不知道她们为什么要那样做，但羞耻感深深地烙在了心里。我站在那里，浑身发抖，直到她说：'去把那衣服脱下来！'那是一条黄色印花连衣裙，从那之后，我再也没穿过黄色的或是印花的衣服，尽管我很喜欢。"

对孩子冷嘲热讽会造成很严重的后果，而凯伦小时候经常被挖苦。她意识到，相信自己的判断、坚持自己的喜好很危险，所以为了自保，她选择服从母亲的选择。毕竟，夏琳也容不得任何异议。她不打孩子，也不扇巴掌，她根本不需要这么做，她说的话和她的语气都在向凯伦强调：你的感觉和喜好根本不重要。

因此，凯伦从未能有机会去掌握最重要的生活技能之一：了解并追求自己所想要的。

控制型母亲对女儿的打击，无论是威胁、嘲笑还是批评，都是在剥夺女儿的尊严、自尊和意志。母亲不断的批评会摧毁女儿的信念，让她们无法相信自己是对的，也让她们变得极易控制，因为它会侵蚀女儿的精神和自信，被侵蚀的她们无法为自己抗争，也无法独立生活。批评是控制的根源，控制型母亲很早就发现，如果对女儿的打击足够严重的话，她就无法坚持己见，也会失去对抗的意志。所以她们依靠辱骂和批评让你觉得自己低人一等，哪怕在你成年之后，她们也不放过任何一个这样的机会。

当控制型母亲感受到威胁时，她们的批评会变得更加激烈，这一点凯伦和丹尼尔在宣布订婚消息的时候已经亲眼所见。夏琳恐慌不已，因为她发现自己正在失去对女儿生活的掌控权，而凯伦的忠诚正往她未婚夫那里转移。夏琳认为，重占上风的唯一方法，就是威胁凯伦要和她断绝母女关系。这听起来很极端，也有悖常理，但一直以来，凯伦都受夏琳的控制，所以她有充分的理由相信女儿会屈服，而她也就永远不必兑现自己的威胁了。

凯伦告诉我，她真的差一点就屈服了。

凯伦："妈妈施压之后，我很纠结不安，身体也就不太舒服。我对丹尼尔说：'现在这样也挺好，我们不用操之过急。'他摇了摇头，然后对我说：'我很清楚目前的状况，我也不打算让这出闹剧一直缠着我们。我讨厌你妈妈对你这么专制跋扈，她没有权力干涉我们的感情。你有必要去找个心理医生，做这方面的咨询。'如果不是他这

么说，我想我也不会来找你。"

我经常听到这样的事。推动你做改变的往往是伴侣或朋友，因为他们清楚地看到你对现状无能为力。

人都会表达异议、拒绝他人和自己做主，这些都是区别不同个性的主要因素。如果这些健康的本能被压制，你就很难从类似凯伦所处的困境中走出来。小时候母亲的批评让凯伦变成了她口中那种"最讨人喜欢的人"。当她试图去做不可能的事，想同时让夏琳和丹尼尔都高兴的时候，她就会觉得力不从心。值得注意的是，她从未考虑过自己，因为她几乎没练习过这种事情。

凯伦："我不惜一切代价避免冲突。无论要求我做什么，我几乎都会去做。但诡异的地方在于：如果我没能取悦那些权威人士，比如我老板，比如我妈妈，我往往就会生病，会得荨麻疹，然后不想说话，变得自闭。我会觉得非常非常的愧疚。"

凯伦忽视了自己的需求，她会接手其他人都不愿意做的工作，还会自动变成受气包。她在控制下成长，因此练就了凡事让别人做主，尤其是让母亲做主的好本领。

完美主义者：用难以企及的标准要求你

部分控制型母亲几乎是随心所欲地展现出消极情绪，比如凯伦的母亲，她们关注于女儿最近的需求，并将其压制；也可能会为了让自己当下的心情变好一些，而无情地贬低和批评女儿。另外一种控制型母亲是完美主义者，她们更具条理性，总是用难以企及的标准去要求你。她们用规矩、惯例和练习来约束家人，而且不容置疑。在她们眼里，不完美就是失败。

米歇尔：批评如何造就批评家

米歇尔，34 岁，一位平面设计师。首次交谈时，她告诉我，她和男朋友卢克在闹分手。她说他们的关系变得紧张已经有一段时间了，最后一次两人大吵一架后，卢克收拾了一些东西，搬到朋友家去住了。

米歇尔（边哭边说）："我真觉得他是我的真命天子，以为我们会携手步入婚姻殿堂，但他说他已经忍无可忍，就到此结束吧。我不明白，为什么我所有的亲密关系都会被搞砸。"

我建议他们两个人一起过来接受疏导，于是米歇尔说服了卢克下次和她一起来。卢克，游戏设计师，30 岁，瘦高个儿，有一头乱蓬蓬的褐色头发。第二周，两人如约来到我的办公室，我让卢克从他的角度出发，把事情经过讲一遍。

卢克："嗯……我们在一起差不多一年了，似乎我们一起生活的时间越长，情况就越糟糕。我不得不出来躲一阵子，虽然现在我在朋友家只能睡沙发，但至少我总算可以清静一会儿了。米歇尔特别挑剔，鸡毛蒜皮的小事她也能挑出一堆毛病。不论是在我的办公室还是在自己家里，只要我电脑周围摊了很多东西，她就会暴跳如雷。刚在一起的时候，我都没发现她有这么严重的强迫症，连住的地方和我穿什么 T 恤这种破事都要管。但她就是这么挑剔，一直都是。"

米歇尔："我必须要为自己辩护下，我是有缺点，但他也不是没有问题。难道让他把袜子放进脏衣篓里，让他穿着得体一些，就真的是在要他的命吗？有这么困难吗？把盘子放进洗碗机是多么简单的一件事，他就总是把它扔在水槽里。细节也是很重要的。"

卢克："拜托，米歇尔。世上有那么多美好事物可以追求，为什么要纠结在这种小事上？天哪，你听上去就像你妈妈一样。"

他们吵架的导火索找到了，但我清楚，真正的原因不是水槽里的脏盘子，而是其他更为复杂的事情。我告诉米歇尔，将卢克从她身边推开的，似乎是她挑剔、喜欢批评别人和凡事力求完美的做法。

米歇尔："噢，天哪……听你这么一说……那是我妈妈。挑剔，动不动就批评别人。我曾发誓永远不要像她那样，结果最终还是……"

母亲留下的烙印和教育方式对我们的影响无处不在，以至于我们很容易发现，不知不觉间我们也变得和她一样。但我告诉卢克和米歇尔，这种模式是可以打破的，只要我们能够意识到，并努力做出改变。我又问道，他们是否打算用心挽回这段感情？他们交换了下眼神。

我："想象一下，桌子上有一瓶牛奶。你可以把它放回冰箱，这样牛奶还是鲜甜的。但有时，耽搁太久，它就不可能再回到以前的鲜甜。你们觉得你们的感情现在到了哪个阶段？"

卢克（看着米歇尔）："我不知道。我想和她一直走下去，但光靠我们两个似乎是不行的，我们总是会因为同样的事情吵个不停。"

他朝米歇尔微微一笑："但我们还是有很多甜蜜的时光。"

米歇尔的眼泪夺眶而出："我不想失去他。"

我感觉到，他们对彼此仍有很深的感情，于是我建议米歇尔和我一起寻找她喜欢批评人的原因。我告诉卢克，我认为他应该回家。许多关于婚姻的研究表明，伴侣分离的时间越长，复合的机会就越小。我对他们说，一开始肯定比较难熬，但我希望卢克能少一些回击，多一些忍耐；至于根深蒂固的批评习惯，我和米歇尔会一起努力改变它，让它逐步消失，不再成为他们感情的绊脚石。

霸凌的形成

爱无能母亲的女儿几乎都会做这样的自我保证：只要我不那么做，我就永远不会变成妈妈那样。但正如我们所看到的，成年之后，她们通常会惊讶地发现自己的行为和母亲的非常相似。我和米歇尔一起，正在努力寻找这些行为的根源。

米歇尔告诉我，卢克搬回来之后，家里也不是很太平。

米歇尔："他总是拿我的完美主义说事。有时候，我争辩几句，有时候会哭，实在忍不住的时候就会朝他大叫。但现在我真的开始注意到对他的措辞了。因为某些原因，当我们一起来你这里的时候，我其实能意识到自己的行为和妈妈的如出一辙。这让我很害怕……我一有能力就从她身边逃离了，现在我们也不经常去看她……当然，她很讨厌卢克。卢克确实也不够完美。但很显然，我继承了妈妈的做派，开始变得和她一样……"

当她述说童年往事时，我们逐渐意识到，她过去的经历和现在跟卢克一起生活所遇到的问题，有很多相似之处。

米歇尔："我觉得我父母不应该要孩子。我爸爸是个大孝子，我奶奶极度虔诚，我爷爷是个工作狂。我妈妈在糟糕的家庭氛围里长大，我外公和外婆都是酒鬼，外公动不动就对人又打又骂。在我成长的过程中，我一直觉得妈妈是暴君，从没有温柔地对我，也没有关心过我。她是世界上最严厉的母亲，她追求的只有完美。完美、干净的房子，完美的丈夫，完美的工作，完美的孩子。我小的时候，有时会对她说：'我不完美。'她就会厉声打断我：'那就努力变得完美！'这是她人生唯一的追求。在她眼里，干净整洁的家和她律师助理的工作是最重要的。如果姐姐和我没有承担起大部分家务，妈妈就会恨我们。我爸爸一直在努力工作，想让餐馆惨淡的生意有起色，妈妈也恨他。

"她非常无情。我竭尽所能地勤奋学习，想拿到好成绩，但如果我的成绩单里有一个 B+，即使其他的全都是A，她也只会看到我拿到的那个 B+。妈妈给我辅导数学，整个过程却不像在上数学课，倒像在参加军事演习。有时，如果我答错问题，她还会扣我的零用钱。我在家里要做很多家务，洗衣洗碗打扫卫生，还要把一尘不染的茶几上的杂志都码放整齐。但在她看来，我做得再多都不够。"

我："也许这样可以帮你了解卢克的感受。如果你还记得自己当时的感觉有多糟糕，我想你就能知道他现在是什么感觉了。"

米歇尔："你的意思是我已经让他有那种感觉了？这怎么可能？我妈妈可是个彻头彻尾的暴君。"

母亲的专横控制，最常见、最让人痛苦的衍生后果之一就是霸凌行为，它通常会从各个方面攻击女儿。米歇尔说，上小学的时候，她穿什么衣服上学都受母亲严格控制。"我是学校里唯一不能穿休闲裤的女孩，更不用说牛仔裤了"，这让她变成了大家嘲笑的对象。

米歇尔："那太可怕了。其他孩子都嘲笑我，我非常沮丧和孤独。最糟的是在学校里，那些小霸王总喜欢奚落我、捉弄我，还追着我打。真的太可怕了，而妈妈从没为我说过半句话。这都是因为她那些愚蠢的规矩。她从来没有帮我做过一件事——她说我得学会坚强。那是我这辈子最痛苦的时光。"

在家里被欺负的小女孩，到了外面也容易被欺负，这两者之间的关联不难看出。控制型母亲要求女儿保持安静、忍耐不抱怨和顺从，这样的孩子在学校里自然而然地也会这样。所接受的教育使她成为被霸凌的目标，而她却毫无自保能力。校园小霸王一眼就能看出来——她只学会了被动接受。我的很多当事人都被霸凌过，她们很痛苦，甚至因此害怕去学校。

在这种力求完美的控制下长大的孩子，常常会在自己有能力独立的时候下定决心，绝不会再任人欺凌。他们不再受摆布，却会去摆布其他人。成年后，他们会开始命令别人，比如把地上的袜子捡起来，不要把盘子放在水槽里。

这些不是有意识的行为，所以如果你想要改变的话，必须清楚自己在做什么。改变需要动力和承诺，你会忍不住想要回归常态，不过，一旦你意识到了自己的问题，你就能通过自我调整去发现会效仿母亲行为的冲动，并克制住，不再让这些行为出现。

虐待成性的控制型母亲

极端的控制会变成酷刑，母亲会不停地改变自己定的规矩和标准，还会无缘无故对女儿进行严厉惩罚，女儿完全无法预测，也无法理解。残酷的控制型母亲不仅仅是恃强凌弱者，最严重的情况是，一些母亲会有虐待行为出现。羞辱女儿、挫败女儿、看女儿痛苦似乎能让这些母亲获得扭曲的快感。

和施虐成瘾的母亲一起生活，女儿会一直心理失衡，会觉得羞耻和害怕。即使离开家很久之后，女儿通常也会保留"战或逃"的方式去处理问题。一鼓作气地逃跑或是迎战是她们的生存策略，因为用起来得心应手，所以她们几乎没有意识到其实还有其他的生活方式。

萨曼莎：我继承了妈妈的愤怒，内化的同时也向外倾泻

萨曼莎，29 岁，非裔美国人，优雅精致，是某大型制药公司销售团队的管理层。我们第一次会谈的时候，她告诉我她工作时和别人发生了冲突，这令她深感不安。

萨曼莎："团队里来了一个新的区域经理，按说我们是同事，但她真的让我很紧张。我的意思是，她人很好，只是总表现得高高在上，我们其他人则什么都不是。在一次团队会议上，她几乎都要抨击我了，把问题都推到我身上，但其实她才是那个搅乱士气、影响团队的人。一直以来，我都表现得冷静淡定，不让任何人察觉到我的真实感受，我为这点感到自豪。我不是无动于衷，只是想表现得专业一些。可是，会议结束的时候，我觉得有根弦断了，我失控了。她非议我的时候，我还是很冷静，虽然脸上开始发烫，但我什么也没有说。她这样有两到三次了。我只是想保持冷静，因为她是新来的，而且大家都喜欢她。但那天下班后，她又在停车场开我的玩笑，这一次我发作了。当时真是暴跳如雷，实话告诉你，我当时彻底失控了。我

就像个疯子一样大吼大叫……但我觉得很爽。我知道她被吓到了，但我也被吓到了。"

我告诉萨曼莎，像那样发脾气带来的快感只是一时的，其实她自己也很清楚，发了脾气之后，事情非但不会好转，反而会变得更糟糕。很多人认为大喊大叫是在为自己抗争，但其实这样不仅解决不了任何问题，你的尊严和可信度反而还会受损。其实还有很多更好的方法可以处理愤怒。

萨曼莎："我知道。其实我害怕喊叫。我讨厌这种声音，因为成长过程中听得太多。当人们一抬高声音，我就会沉默不语。我会克制很长时间……然后就会爆发。"

看到大喊大叫的人，出于安全考虑，想要远离是很正常的。特别是对孩子来说，不说话，然后试着消失，就会降低自己成为出气筒的可能性。尽管如此，当时感受到的那种强烈的情绪并不会消除。萨曼莎清楚地记得，小时候母亲朝她大吼的时候，她有多害怕。

萨曼莎："我妈妈她有时候……就是个混蛋。很抱歉这么形容她，但是我真找不到别的词了。她总是满腔愤怒。我真的不知道为什么。我们家不缺钱——我爸爸是一家生物科技公司的内部法律顾问，我妈妈则是公共事业单位的律师。他们都很出色，我觉得在我还很小的时候，他们就希望我能像他们一样出色。

"大概在我三岁的时候，妈妈想教我识字母。大部分妈妈都会选择让孩子唱字母歌，以玩游戏的形式来学习，但我妈妈不信这一套。她走进我的房间，直接就要我念出来，反反复复，一遍又一遍。'快读，再一遍，再来一遍！'我记不住那些字母，她就朝我尖声叫嚷，我当时被吓坏了。直到今天，她的声音都还在我脑海里回荡。"

随着萨曼莎年纪的增长，她母亲那种蛮不讲理的控制和残酷行为也愈演愈烈。

萨曼莎："我的个子比同龄人高。14岁的时候，我进了篮球队。那是我的梦想。我们打得很棒，还进了波士顿的锦标赛。我和朋友们被安排好了赛程。我很兴奋，因为比赛一定会很精彩。当临时保姆存下的钱我一分没花，全拿去买了机票。可是在最后关头，妈妈说我不能去波士顿，因为我的成绩不够好。有次随堂测验我头一次考了个C，可它不会计入总成绩！可妈妈说，再这样下去，我会因为考试不及格而被学校退学。她说我要抓紧时间学习，而'不是玩'。

"我记得当时我坐在房间里，盯着时钟看，希望最后一刻她会改变主意。我还记得当我知道要错过飞机的时候，我给教练打了电话。我告诉他，妈妈不让我去参加比赛。教练觉得很难过，说想和我妈妈谈谈，但她根本不愿意接电话。天哪，苏珊，当时她真的没有任何站得住脚的理由不让我去！我的成绩还行，我拿了很多 A 和 B！她只是想炫耀她的权力比我大……只要她想，她可以拿走任何东西。"

有些母亲在剥夺年幼的女儿想要的东西时，会得到一种扭曲的满足感。像其他施虐控制型母亲的女儿一样，萨曼莎也幻想着逃离。

萨曼莎："上初中时，我不断练习打包，在小背包里装上我要是逃跑所需的一切。我给自己计时。我可以在十分钟之内完成。我不认为自己真的会逃到某个地方去，但我得让自己相信我能逃离这里。"

再长大一点之后，她真的逃脱了，甚至不需要离开家。

反抗路线

像萨曼莎这样的女儿们几乎都会进行反抗，进而"掌控"自己的生活，并试图摆脱母亲那些严苛的管制、规则和惩罚。

萨曼莎："我妈妈认为，只要她想，就能让我去做任何事，但上九年级的时候，我发现有一样东西就算是她也没法真正掌控，那就是我的身体。当能够开始和男生约会的时候，我迎来了第一次救赎。我只能偷偷溜出去，但我认为这值得冒险。我发现，我可以用身体来感受掌控自己的感觉。我开始暴饮暴食，然后吃泻药。和妈妈同住一个屋檐下的很长一段时间里，我都有严重的暴食症，但她从未注意到，即使后来我不吃饭，像得了厌食症一样。

"我进了尖子班，并提前毕业，这样就可以尽早离开家。但在那之后，我发觉自己人生的很多时间都浪费在了上大学和伤害自己上。我经常觉得内疚和沮丧，仅有的能让我放松的几件事就是：性、喝酒，还有吃泻药。大部分时候，我都很想死。我讨厌自己，我讨厌我的生活。当时，我有个朋友打算参加酗酒者互诚协会（AA），有天晚上，她让我也一起去。然后，我的一切都改变了。如果不是她，我都不知道自己会变成什么样子。"

令人痛心的是，许多爱无能母亲的女儿初尝自由之后，通常会自暴自弃地把它毁掉。无论是喝酒、嗑药、暴饮暴食、性生活混乱，还是这几样全都沾染，"反抗者们"往往自甘堕落只为徒劳地证明她摆脱了母亲的掌控。当感觉受挫和沮丧时，感觉和所犯过错相比承受的处罚过重时，我们的内心就会不可避免地滋生出巨大的愤怒。

这种愤怒也许让人倍觉艰辛和不适，但它也可以成为绝佳的催化剂，促发改变。可如果愤怒未能以恰当的方式表达出来，它的破坏力也不容小觑。通常，愤怒会变成沮丧，当聚积到一定程度时，女儿们几乎会做任何事来摆脱内心的混乱。我的一些当事人告诉我，她们甚至曾经想过自杀。直到她们成年之后，愤怒和绝望可能仍在不停循环。

自毁式的反抗不是自由，因为这些反抗举动的出现不是为了树立自信和自尊，这样的反抗并不能让她们真正地自由。相反，她们仍然无法摆脱母亲，并且还会做出连自己都觉得震惊、失望的举动。她们从未真正学会如何构建一个承载自己愿望的生活。讽刺的是，她们依然被母亲控制着。

控制型母亲的驱动力

当我在仔细回想我的当事人们所描述的她们的母亲时，关于控制型母亲的一些实情就清晰地浮现出来。这类母亲似乎生活得很不如意。可能她们也是在父母的控制和贬低下长大，可能她们也被丈夫或者老板控制和打压。她们的定位和自由可能都受到限制，对此她们内心极度不满，却觉得无力去改变。她们只能用不自然的微笑掩藏愤怒、痛苦、挫败和失望。手中无法握有权力，令她们倍觉失落。

无论导致想要控制别人的根源是什么，这类母亲都会通过贬低及批评你的外貌、所选的学校、工作、伴侣和婚礼筹备细节等来展现自己的控制力。和其他爱无能的母亲一样，控制型母亲会充分利用你的每一个弱点。

但真正会对你的生活产生最深远影响的控制，在于母亲成功灌输给你的行为模式、反应和期望——虽然你认为自己已经把她甩到了一旁。

如果你正在和取悦他人、完美主义、欺凌、被欺凌或者本章提到过的其他让人痛苦的行为做抗争，那我可以负责任地告诉你，这些都是后天习得行为，你完全可以忘却它们。

第五章

需要照顾型母亲

——

"我指望着你来打理一切。"

如果一位母亲每天下午关起门躺在床上吃巧克力豆，或者应该让孩子起床准备上学的时候却躺在沙发上睡得昏天暗地，那她就无法做孩子生活的导师。她可能不会去做饭、去照顾年幼的孩子，或者照顾自己。如果她需要的照顾远远超过她所给予的，不管她有没有抑郁症，是酒鬼、瘾君子还是幼稚鬼，她的女儿会发现自己承担了家长、保护者和闺蜜的角色。

对一个小女孩来说，没有什么会比发现"妈妈好像有问题"更让人难过。和这类母亲一起生活，当然会有问题。

需要照顾型母亲常会躲回自己的世界里，抛下她们看护者的身份。她们可能会待在家，但出现的时间很少，以至于无法留意到你取得的成就，也无法在你失望的时候帮你擦眼泪。相反，她们整天都在睡觉、发牢骚、看电视、喝酒，不明就里的女儿们还无法认清这个苦涩的事实：她们本质上没有母亲。

本章向你介绍的是 MIA（在战斗中失踪）的母亲，她们潇洒转身，只顾自己，鲜少顾及女儿的幸福。

这类母亲的女儿在成长过程中大都会觉得母亲很可怜，并认为无论付出多大代价，自己都要担起"让一切变得更好"的责任。这些被迫反转了角色的女孩，往往会因为被夸赞"懂事""有责任心"和"成熟"而觉得自豪。但其实，她们被剥夺了拥有健康童年的机会。

作为成年人，这些女儿们许多都以自己处事冷静、有能力、有掌控力而自豪。她们一辈子都在肩负别人该挑的重担，承担别人该承担的责任。她们习惯于帮助、鼓励别人，也清楚地知道如何成为他人掌握生存之道、获得成功和幸福的踏板。可轮到自己的需求时，她们却毫无头绪。她们几乎没学会把自己、自己的梦想和快乐当成生活的重心，她们擅长的是如何不遗余力地照顾他人。

你是"小大人"的警示信号

女儿成年后，往往很难置身事外，看清自己是如何被推到"大人帮手"这一位子上的。我在下面列出了两份清单，可以帮你确认自己是否有同样的经历，也可以帮你找出，照顾母亲是如何塑造并影响了你生活中的重要部分。

小时候你是否：

· 认为人生中最重要的事，就是不惜一切代价帮母亲解决问题，或是抚平她的伤痛？

· 忽略自己的感受，只关注她想要的和她的情绪？

· 保护她，让她不用承担自己行为的后果？

· 帮她撒谎，或包庇她？

· 任何人说她任何坏话时都会进行辩解？

· 只有她认可，自己才能快乐？

· 不让自己的朋友发现她的行为？

作为成年人，你是否认为这些话是正确的：

· 我会尽我所能，不让母亲和我生活中的其他成年人感到不悦。

· 我无法忍受让别人失望的感觉。

· 我是完美主义者，只要出错，都会责怪自己。

· 我只能信赖自己，一切都只能自己动手。

· 人们喜欢的不是我这个人，而是我能够为他们做什么。

· 无论何时我都要坚强，如果我需要什么，或是请求帮助，就意味着自己很软弱。

· 我应该能够解决所有问题。

· 只有先满足其他人，我才能得到自己想要的。

· 我经常会生气，觉得不被重视，觉得被利用，但这些感觉都会被埋在心底。

"小大人"没有当孩子的自由，在成长过程中一直扮演这种角色，所要付出的代价是高昂的。如果小时候你的全部价值在于成为一个看护者，那你就没法发展自我，没法享受想象力游戏的自由，没法学着卸下自己的防备，也没法自然成长。你没有时间，也没有人支持你去思考"我能成为什么样的人"，或是去尝试不同的身份，从而找到最适合自己发展的道路。相反，你把注意力给了母亲，能熟练处理她的需求，却忽略了自己的需要；你还会警觉地试着预测可能出现的困难并介入解决它们。

然而，这种角色反转潜藏着残忍的扭曲：它是失败的温床。年幼的孩子没有能力解决母亲的问题，只有母亲自己才行。即使孩子挂着最灿烂的笑容，做出最大的牺牲，也无法改变母亲。但女儿不得不去努力。失败之后，她还会不由自主地感到不够好和羞愧。小的时候，面对这些情绪，她们告诉自己：长大以后就可以"把问题都处理好"；长大以后，她们便会不知疲倦地去处理问题。她们为其他人做得太多、给予得太多、帮助得太多。这就是心理学家所说的强迫性重复：因为想得到和过去不一样的结果，就会不断地重复旧有的行为模式。

在这种强迫性重复的驱使下，你的生活里会充斥着从别人肩上接过的负担，还有一大堆处理不完的问题。你的生活没有欢乐，充满忧虑，毫无乐趣可言。你很难分辨爱和同情，也不太相信爱是相互的，无关解救。

艾莉森：爱上"不完美"

艾莉森，44 岁，一位窈窕的瑜伽教练，自己开了一间瑜伽馆。她告诉我，她一直受抑郁症的折磨，而且怀疑自己是否能找到满意的爱情。她交过几个事事需要她照顾的男友，而就在和我约第一次诊疗之前，她刚和现任男友汤姆吵了一架（他们在一起八个月了）。我让她告诉我究竟发生了什么事。

艾莉森："……你听过'互补的人会相互吸引'这种说法吗？我觉得挺适用于我身上的。我一直很谨慎，着眼全局，按部就班，做个好女孩。所以当我遇到汤姆的时候，我就觉得，'哇！原来生活可以这么有趣！'他在兼职做服务员，然后剩余时间都在摄影。他住的地方很小，贴满了他放大过和上过色的照片。他没钱，但他不在意。他是一个很有创造力的人。我从没见过他这样的人，像那种骑摩托的坏男孩。我真的沦陷了，我钦慕他的才华和他的自由。他的朋友都充满艺术气息、潇洒不羁，对我来说，那是一个完全不同的世界。

"我们开始在我家同居，因为他家里没有多余的地方。一开始一切都很美好。他在屋子里贴满他拍的照片，有时我从瑜伽馆回来，还会发现家里在开派对。我很欣赏他的工作方式，一周只工作几天，这样就能全身心地投入艺术。我相信，只要他有专业的设备，就一定能拍得更好，所以我就帮他买了。我从没见过他这么高兴的样子，我也为他感到激动。我由衷觉得他的作品会受人欢迎，他会成为顶级摄影师。"

我："好的，让我们来看看。你让他搬进你家，他在家里开派对，一周只工作几天，你还给他买了一套专业设备。我已经能想象得出结果了。"

艾莉森："是的，结果不太好……我买给他的东西就像是他的新玩具一样，过了几个月，他就没兴趣了。他甚至都不愿意假装去找和摄影相关的工作。前几天，我回去得比平时早，然后看到家里所有窗户都敞着，他在一边抽大麻一边看电视，就和平时他知道我要出门的时候一样。他的相机放在黏嗒嗒的桌子上，旁边就是一个装满烟头的烟灰缸。他没有迈出下一步的动力。我们就是因为这个吵架的。他朝我大吼：'好的，我知道了！我会再回去当服务员的。'我觉得自己被人欺骗了，非常失望！汤姆太过于依赖我了。

"我觉得自己像是娶了我妈妈一样。当然，我们并没有结婚，但你应该明白我的意思。他很像我妈妈。我很容易喜欢上需要我照顾、需要我拯救的男人。不是自信沉稳的男人，而是那种——怎么说呢——有'潜力'而且'需要别人去爱'的男人。

"我就是这样的人。沉稳老练的一直都是我。我妈妈说我有一个苍老的灵魂，但其实不是这样的。大概是受家里的影响，我逼着自己快点成长。小的时候，妈妈就很依赖我。"

我让艾莉森多说一些成长的经历，通过她的陈述，我们轻易就发现她是何时开始学会照顾人的，就像她照顾汤姆一样。

艾莉森："我妈妈是个家庭主妇。我爸爸脾气不好，他俩一碰面就吵架。幸好爸爸平时一直在出差。很小的时候，我就学会对爸爸撒谎——欺骗隐瞒他是为了不让他生气，我还得小心翼翼地让他不要发火。妈妈怀疑他在外面乱搞，可能是真的吧。她恨爸爸这样对她，自己却无能为力，想离开他，又害怕一个人带着我和弟弟妹妹无法生活，所以她留了下来。她什么事都和我说。我现在意识到，小时候的我被迫接受了很多信息。"

我："听下来的确是这样的。那本该是你和小伙伴们在外面疯玩的年纪。知道那些事之后，你要怎么做呢？"

艾莉森："我不知道。直到今天，她还在问我是不是应该和爸爸离婚。跟着她又说她和他在一起只是为了我们，所以这都是我们的错。我不知道自己说了多少次'离开他吧'。现在我放弃了，因为事情不会有任何改变。她的孩子们已经长大了，但她还是这么没用，除了抱怨她什么都做不了。我沮丧到想大叫，但是看到她痛苦又实在于心不忍。我仍觉得自己有义务让她振作起来，并且纠正这些问题。从小时候起，如果想让家有家的样子，我就得自己去做。我要做饭、打扫、买圣诞树，还得给其他孩子买生日礼物。我什么都要做，就像和汤姆在一起时一样。天哪，苏珊，我真的不想什么都得我来做……什么时候才能轮到别人照顾我？"

说着说着，艾莉森的眼泪开始往下掉。她哭了一会儿，然后擦掉眼泪轻声说"对不起"。和很多女性一样，艾莉森觉得需要为哭泣道歉，就好像她做错了什么似的。

我告诉艾莉森，她有哭泣和沮丧的权利。她爱上了一个又没钱又不可靠的男人。她小时候的遭遇也令人十分悲伤——被迫成为小大人，不仅要照顾母亲，有时候还要照顾全家人。这么多负担压在一个 8 或 10 岁孩子瘦弱的肩上，真的太过沉重了。她知晓自己不能抱怨、无法玩乐，也不可能只做一个几岁的孩子，因为家里没人指望得上。

艾莉森没有沉浸在悲伤中。她很快平静下来，然后尽可能为母亲开脱，就像她一生都在做的那样。

艾莉森："说句公道话，苏珊，这不是她的错。她的婚姻真的很不幸，生活得也不快乐。大多数时候她都很悲伤。我不愿看到她那个样子。"

于是，艾莉森很自然地就会又一次动了恻隐之心，再次同情她的母亲。

抑郁症并不能抹去她对你的责任

尽管我没见过艾莉森的母亲乔安娜，但我有理由相信她一直被抑郁症这个恶魔缠着。事实上，毫不夸张地说，大部分需要照顾的母亲都受抑郁症的困扰。抑郁症让她们筋疲力尽，会麻痹她们，摧毁她们养育孩子、引导孩子、安慰孩子的能力。也许会有一些时刻——即使是她们生活中短暂、正常无碍的一段时间——她们看起来似乎能承担母亲的责任，能照顾孩子，但即便如此，占上风的仍是她们对被照料的需求。

这类母亲陷在黑暗的旋涡中，对外界的感知受到抑郁症的阻碍。和很多女儿一样，艾莉森在成长过程中目睹了母亲的无助，这种无助就像心跳一样稳定持续，它同以下这些话一起，营造出一种令人同情又悲伤的沉重氛围：

- 生活很可怕。
- 我情愿自己没出生。
- 我这一辈子都是怎么过的？
- 我当初为什么要和你爸爸结婚？
- 我不知道该怎么办。我毁了自己的生活。

抑郁症让这类母亲失去了自我，还扭曲了她们的决策能力。抑郁症是遗传因素、生理因素和不幸的生活环境综合影响的结果。抑郁的母亲其实是生病了，她很痛苦。

然而，她是一个成年人，她有责任采取措施改变自己的处境，改善自己的生活。这适用于所有成年人。这不是建议，而是一个母亲自我帮助的任务，这样她才能尽到照顾孩子的义务，哪怕是像乔安娜一样被恐惧击倒的母亲。

在过去的几十年间，治疗抑郁症的手段获得了巨大的进步。抗抑郁药对大多数人都有效，还有许多替代疗法可以治疗这种病症。然而很多和乔安娜一样有重度抑郁症状的母亲，往往会回避寻求帮助，选择继续当受害者。

第一次会谈快结束的时候，艾莉森告诉我，她母亲拒绝所有让她接受治疗的建议。

艾莉森："我真的试过了，苏珊。我对她说：'你看，妈妈，有很多人可以帮助你。你的医生，或者是心理咨询师。'但她丝毫不会考虑。她和我争论！'你怎么能这么说？有问题的不是我。我没有错——有错的是你爸爸。为什么我要接受治疗？我没有疯。你爸爸不应该再大吼大叫，这就够了。需要去做心理咨询的人不是我。'"

状态好的时候，抑郁的母亲也许有足够的精力去关注女儿，并稍稍称赞她"你真可爱"或者"你太贴心了"，但这并不能弥补女儿所缺失的来自母亲的最基本也是最关键的肯定，以及与母亲的亲密感情——所有女儿都需要这些。相反，女儿最常听到的是"你能帮我真是太好了"，而不是称赞她本人、她的独特和价值。

患有抑郁症的母亲生活在黑暗中，我很同情她们，但她们仍有责任照顾年幼的女儿。我认为，她们也应该承认自己给女儿带来了痛苦并为此负责。因为她们放弃了母亲的身份，导致女儿不得不担起看护者的角色。

艾莉森解救母亲的方式和"收养"汤姆的冲动，两者之间有一条清晰的连接线。当看到汤姆收到礼物时雀跃的样子，艾莉森非常快乐，她觉得一部分小时候未能解救母亲的遗憾正在得到弥补。这就是强迫性重复在作祟，但就像我对艾莉森所说的，我们可以打破这个循环，最终她会找到自己的需要和渴望。

抑郁症的遗留问题并非无药可治

我想向你保证，如果你和很多抑郁母亲的女儿一样，也在和抑郁症斗争，那并不意味着你就一定会用你母亲的方式对待它。这也是艾莉森最关注的问题之一。"不得不承认，我有时觉得自己得了抑郁症。"她对我说，"想想我的生活，我的爱情，有时候我真的想放弃了。我没办法应对抑郁症。我不想变成妈妈那样。"

抑郁母亲的女儿的基因和大脑化学物质通常也有类似的倾向，而且因为没有得到母亲的关爱，她们的自我价值和自尊往往常会受到打击。

但就像我告诉艾莉森的那样，你和你母亲有很大差别。你不会沉浸在受害者的角色里对别人说"我好可怜呀"，你在努力改变。

乔迪：和酗酒、嗑药、抑郁的母亲一起生活

当母亲沉迷于酒精或药物时，角色反转和它的危害就出现了。成瘾的母亲整天都活在混乱和危险中，对女儿来说，这意味着即使是最安静的日子也有可能发生爆炸性的转变。一次失控的家庭聚会之后，乔迪通过电子邮件联系上了我。

乔迪的信：福沃德博士，我得和你见一面。我想离开我的酒鬼母亲，她总是控制我、批评我。我受够她了……32年来，我一直在取悦她，我不能再这样下去……和她在一起，我的婚姻正走上毁灭之路，这让我很痛苦。请帮帮我！

我们第一次见面时，乔迪向我解释是什么促使她来找我。乔迪，38岁，是家中独女，已婚，有一头金发，身材健美，她是一名小学老师，负责需要特殊护理的孩子。

乔迪："事情就发生在一个礼拜前，在感恩节那天。

一切都被妈妈毁了。我有很多需要感谢的，我有一个好丈夫，还有刚出生的漂亮宝宝，一切本该是美好的。但只要我妈妈在，就不会有任何美好可言，这也是压垮我的最后一根稻草。那时我们正在看梅西感恩节游行，然后又转台看足球比赛，我们一边吃东西，一边和宝宝玩。但这期间我一直在用眼角余光留意妈妈给自己倒了多少杯酒。我本想走过去把她的酒瓶收走——这是老习惯了——但我姐夫还是会帮她倒满。我真恨他！

"妈妈说话的声音开始抬高，而且有点口齿不清。她在姨妈旁边坐下，打翻了她的红酒，于是大家帮忙清理酒出来的酒，然后，姨妈抓住妈妈的杯子说：'玛格丽特，我觉得你喝得已经够多了。'

"然后妈妈就生气了。'你想知道我为什么要喝这么多吗？'她大声喊道，'让我告诉你为什么我要喝酒。这就是我喝酒的原因。'她指向我，就像这是我的错！然后她说：'一个丫头片子自以为有个心理咨询学位就什么都懂，自私自利。这就是个笑话。她有病，她脑子有病。'

"这简直令人难以置信。我恨不得地上有条缝可以让我钻进去。这就是我遇到的问题。有些事必须得改变。我讨厌她喝酒，讨厌她乱吃药。她只有吃药才能正常睡觉，才能保持清醒，而且又这么自私消沉。"

乔迪暴怒不已，我知道她需要发泄，希望我能听她倾诉。

乔迪："你可能会认为我现在已经习惯了。我不记得她是从什么时候开始除了喝酒什么也不管的。有太多次，当我需要她时，她却喝得酩酊大醉，无法在我身边。她带着我不停地搬家，和一个又一个男人约会，带他们来见我，一副他们会成为我的爸爸、我们会成为一家人的样子。她经常撇下我，一个人去上班、去约会、去做她自己的事。她在家里只有三种状态，要么是在喝酒，要么是喝醉了，还有就是不省人事。"

乔迪的母亲玛格丽特几乎从没对女儿尽到母亲的责任，在后来的几次谈话中，乔迪举了很多例子，说明母亲如何对她疏于照顾，以及在很小的时候她就不得不承担的许多责任和压力。

乔迪："我还记得大概上四年级时，是怎样等她下班回家的。我会为她准备好晚饭，然后她会告诉我工作的情况。她和老板的关系不好，我很害怕她会因此被开除，如果她没了工作，我们该怎么办？但她看起来一点都不担心。一吃过晚饭，她就拿着报纸回了房间，然后打开电视，躺在床上。她的床头柜上经常会放一瓶苏格兰威士忌和一只酒杯，这样她就可以一边'阅读'一边喝酒。她一般连鞋子都不脱。通常，她睡着的时候，电视机的声音还开得很响，手上还有点燃的香烟。我得进她房间，在香烟烧着其他东西前熄灭它，然后我会帮她盖好被子，把瓶子里剩下的酒倒掉，虽然这一切都是徒劳的。

"接下来我要去洗碗。于是我会打开客厅的电视机，好让电视机的声音陪着我一起做家务。那些时候，我觉得自己是如此的孤独，苏珊。如果没有我在学校里的朋友，我会变成这世上最孤独的孩子。大概我就应该自己养活自己吧。"

成瘾母亲的女儿无法告诉朋友和老师，自己家里的实际情况。当她们去朋友家，发现别人过着和自己截然不同的生活时，她们意识到又多了一个要死守的秘密。她们会因此感到羞愧，觉得自己和其他人格格不入，即使她们已经能够驾轻就熟地掩饰自己。

被药物、酒精诱惑——然后自救

整个初中阶段，乔迪一直小心翼翼地让别人的注意力都放在她优异的成绩还有她仔细洗过、熨过、一尘不染的衣服上。升入高中之后，当她的朋友们开始讨论家里的宵禁和约会限制时，乔迪意识到没人管也是有"好处"的。她能做任何想做的事，母亲经常喝醉酒，根本不会管她，家里也没有真正意义上的规矩、戒律和界限在约束她。即使看到二十来岁的年轻男子出现在自家门口，接走只有十几岁的女儿，乔迪的母亲眼皮也抬都不会抬。而且，玛格丽特经常不在家。

乔迪刚进青春期就主动开始接触药物和酒精，不但自己在家倒酒喝，偶尔还会从母亲的包里偷药吃。酗酒者的孩子自身也极有可能会变成酗酒者。幸运的是，乔迪能够及时悬崖勒马。

乔迪："我以为酒精能帮我的忙。如果不是老天的恩典，如果不是我意识到自己遇到了麻烦，我早变成酒鬼了。我控制自己，只是偶尔喝一杯葡萄酒，已经这样保持了不下十五年。"

乔迪说，多亏高二时的一位老师，她的生活才开始出现转变。

乔迪："我很喜欢心理课，也喜欢我们一起讨论生活中的人和事的方式。这是我唯一学得好的科目。有时我会趁着午餐时间去找老师聊天，她觉得我很聪明，还建议我大学念心理学。这是我第一次敢有自己能上大学的想法。她说她和学校的辅导员会帮我申请奖学金和助学金。你不知道，被人相信对我来说意味着什么。她带我去做义工，照顾需要特殊护理的孩子，于是，我踏进了一个崭新的世界。我爱那些孩子们，和他们在一起，我发现自己除了参加聚会之外，也可以静下心来做一些事情。这让我感受到自己的价值。"

我并不惊讶，乔迪会这么喜欢这个行业。酗酒者和吸毒者的女儿成年后，有极大的可能会选择从事照顾护理方面的职业。她们通常会倾向于医学领域——尤其是护理，以及社会工作和心理咨询，这些职业都很适合她们，因为她们都愿意照顾其他人。

乔迪告诉我："成长过程中，只有妈妈陪着我，所以我觉得必须要让她更加快乐。但她从来没有发自内心地快乐过。这种情况一直刺痛着我，让我很悲伤。"我能听得出她话中的挫败感，而正是它引发了强迫性重复。我可以肯定，乔迪在教育方面的天赋，以及跟学生在一起带给她的愉悦和满足，能够缓解她的忧伤，同时我也相信，它们有助于平息她潜意识里认为自己让母亲失望的那种感觉。她为自己的生活找到了出路。

但她的母亲依然我行我素，继续酗酒。玛格丽特近期的行为激怒了她，加之她需要为新出生的宝宝着想，乔迪终于意识到拯救母亲根本不是她的责任。

鼓起勇气修复你的人生，而不是她的

多年来，乔迪一直在照顾别人，一直被人忽视，这让

她很愤怒。她告诉我："即使我生气，时间也不能太长。我们总是很快就和好，不管她做了什么。因为家里只有我们两个人相依为命，我只能尽全力避免让大家都沮丧。"

但现在乔迪有了自己的家要照顾，而玛格丽特却得寸进尺越来越不负责任。于是，乔迪积压已久的怒气开始喷薄而出，她也开始更加客观地看待母亲。

乔迪："厨房抽屉里塞满了未付的账单，我好像还看到了断电通知。打电话的时候，她故意让自己的声音听起来很沮丧，希望我能立马赶过去。当我告诉她我正在攻读心理咨询硕士学位时，她说的第一句话是，'噢，那很好啊！这样你就可以治好我了！'

"你猜怎么着？我终于受够了。我什么都试过了，想着既可以过我的日子，又可以和她保持联系，但是都没用。她不停地说些伤人的话，也不会戒酒。现在我只想过好自己的日子，让她离我远一点。她可以想做什么就做什么——待在房间里，喝她的酒，继续抑郁。我不在乎！我只想让她离开我的生活……但是……我怎么能抛弃她呢？她会死的，到时我又该如何面对自己的内疚？"

乔迪低头盯着自己的膝盖，看上去十分气馁。

我："乔迪，你需要对自己负责任。你已经为妈妈做了所能做的一切，但在我看来，她不会为自己做任何努力。"

我问她是否和母亲讨论过寻求外界帮助的事，可以找嗜酒者互诫协会或者戒瘾专家。

乔迪："据她自己的说法是，她'不是酒鬼'。她说毕竟她还有工作，没有露宿街头。我想她的意思就是自己没有酗酒的问题，错永远都是别人的。她喝酒完全是因为我。就是这样。"

我告诉乔迪，玛格丽特这类酗酒者有一个特点，就是随便给自己的行为找一个原因——她最亲近的人、国际事件或者天气。他们只是需要一个小小的借口。

乔迪："我一直都是这样告诉自己的，苏珊，戒酒互助会（Al-Anon）也是这么告诉我的。但即使在我最火大的时候，我还是觉得她是我的……我的孩子。我怎么能抛弃我的孩子呢？"

是否应该脱离母亲，哪怕她在本质上已经退化成一个无助又一无所有的孩子，即使已经是头脑清晰的成年人，很多女儿在面对这个选择的时候还是会矛盾不已。很久以前，她们就觉得照顾母亲是自己毋庸置疑的义务，这种感觉会瞬间穿透她们的愤怒和正常的自保冲动。想要摆脱这些，就必须抛掉以前的惯性反应，以及在设立优先事项时不再陷入母亲的不幸和抑郁。

对乔迪来说，她需要优先考虑的很明显就是她的孩子——一个真正的、需要她的孩子。孩子才是没有自理能力并依赖她的人。我知道她有坚定的决心要当一位坚强又健康的母亲，也知道她很想陪在女儿身边照顾她，而不是像自己的母亲那样。但当一个好母亲必须得有良好的体力，也需要投入情感和精力，而人的精神能量不是无限的。如果你有孩子，你的能量就不够去解救母亲。你对你自己、你的伴侣（如果你有的话），还有你的孩子负有责任，而你的母亲必须得为她自己负责。

如果母亲有瘾症，一个必然的结果就是她会投入大量的精力和资源在上瘾的事物上，无论它是酒精、处方药、违禁药、食物、赌博还是性。远离她是唯一能够改变她的病情对你产生的影响的方法，这需要你放下之前学会的那些事：保密、解救和过度警觉。你不能再继续做那些你认为理所当然的事，就像乔迪那样，比如说，不陪自己的孩子玩耍，却去数母亲喝了多少杯酒。这很艰难，却是可以不让你把儿时的痛苦传递给下一代，或是不再继续承受这种痛苦的唯一方法。

你失去了童年，至今你仍觉得受伤

像乔迪或艾莉森这样的女儿，小时候会尽力掩盖母亲有抑郁症、酗酒、滥用药物和疏于照顾自己的证据，让自己的生活看起来或者感觉很"正常"。她照顾兄弟姐妹，负责做饭和打扫卫生。如果母亲被丈夫或者男朋友施以暴力，她就是那个会帮母亲擦抹抗菌药膏或是报警的人。她背负着极其沉重的情感负担。

如果你的母亲在你的成长过程中放弃了母亲的身份，被她需要时，你也许会获得很大的满足感。有些行为表面看着很崇高，但其实你已经付出了昂贵的代价。有人骗走了你的童年，对此，你有伤心和愤怒的权利。

第六章

对孩子疏于照顾，背弃并殴打孩子的母亲

——

"你总是在惹麻烦。"

就像海龟把蛋产在沙滩上，然后自己回到海里一样，有些母亲几乎是一生下女儿，就对她们不闻不问。不作为、疏远又冷漠，她们也许人在女儿身边，却对女儿视而不见，只考虑自己的需要。

以自我为中心是我们介绍过的母亲的共同点，但我们即将要描述的这类母亲，她们的心理非常不正常，因而会忽略女儿最基本的情感需求，有时甚至是物质需求。她们根本没有能力照顾女儿，以至于"母性是天生的本能"这一假设在她们这里被推翻了。这类女性把女儿当成物品，厌恶女儿，把生活的不如意怪罪在女儿身上，吝于给女儿半点仁爱。在最糟糕的情况下，她们无法保护女儿免受侵犯和虐待——甚至自己变成虐待女儿的人。

这些情感上忽略、背弃并殴打女儿的母亲，是有名无

实的母亲。她们让女儿活在恐惧和愤怒中，疯狂地想得到别人的喜爱，并且永远都在挣扎着探索自己的人生道路。

艾米丽：被忽视的女孩

艾米丽，36 岁，在一家建筑公司当审计员，有一个谈了两年的男朋友。她的男朋友乔希，做一些进口业务的工作。她找我，是为了她的感情问题。在工作上，她十分能干、受人尊敬，但在这段感情中，她和乔希却似乎渐行渐远。

艾米丽："我有一些好朋友，也有很多钱，但我在家里却过得不好。刚在一起时，我觉得他是那么有魅力，让人兴奋不已。我以为他想要个孩子，我也急着想要个孩子。可是，我们之间的关系越来越糟。乔希什么事都不愿意告诉我，他很内向——虽然我们在一起生活，我却觉得很孤单。他总是坐在电脑前，即便我们一起外出，他也很少说话，而是只顾着看手机。他让我觉得自己很缺爱。糟糕的是，这种感觉非常熟悉，熟悉得让我没有任何不适。"

我问艾米丽，为什么会有似曾相识的感觉？

艾米丽："这让我难以启齿，不过我妈妈就是那样的人，既疏远又冷漠。我……觉得她都不希望我待在她身边。"

她告诉我，和乔希在一起时所感受到的孤独和疏远，与她儿时的经历十分相似。

艾米丽："妈妈虽然生下了我，但从没拥抱过我，也从没说过她爱我。她永远只会对我说我又做错了什么事，或者我对她来说是一个多么沉重的负担。有一次，她甚至说：'我真希望没有生下你。'"

我："哦，艾米丽，对你所经历的一切，我真的感到很难过。在孩子心里，妈妈说出'我真希望没有生下你'这句话，是最残忍也是最伤人的。"

艾米丽一下子哭了。"谢谢你，"她轻声说，"这是第一次有人能真正理解我。"

我们静静地坐了一会儿，然后我问艾米丽，她父亲是否喜欢她。

艾米丽："大多数时候，我爸爸都不在家。他总是在工作。现在看来，我觉得他是想尽可能地躲我妈妈。所以，从小到大，我没有得到过一丝一毫的引导、教育、爱和支持。如果他们不想要我，为什么要把我生下来？"

艾米丽觉得全世界只有她被母亲忽视得这么彻底，但我告诉她，虽然这听着让人难过，但我经常听到这样的故事。许多女儿告诉我，母亲忽视她们，当她们不存在，根本不想要她们；所以，她们根本没有得到过母亲的关爱、呵护、温暖与支持。

有一类母亲，她们把自己的女儿只当成一种"麻烦""负担"，或是破坏自己幻想或规划的人，就像艾米丽的母亲。在她们构想的生活蓝图中，没有照顾孩子这一项。天真的女儿无条件地爱着母亲，可是母亲几乎会无视她们可爱的脸。

看着这些母亲，我们想知道：对这么一个无依无靠又不幸的孩子，一个绝对依赖着她们的孩子，她们怎么能这么无动于衷、这么冷漠、这么无情？要知道，她们所应给予孩子的情感滋养，是和乳汁一样重要的生存必需品。

这种情况究竟是怎么产生的？原因多种多样。我们只能假设，如果一个母亲对孩子漠不关心，那么她自己一定也曾受过严重的创伤。可能她们也被母亲忽略，或是在没有爱的家庭里长大，以至于连最稀薄的体贴、理解和付出都未曾感受过。这种心灵上的创伤，不会自动痊愈。

当这些女性成年后，通常都是迫于社会压力才会生孩子。有些是自己不想要，但屈服于丈夫的意志；有些是意外怀孕之后，受道德信仰或宗教信仰约束，满怀忧虑地生下孩子。孩子出生之后，她们突然发现自己不得不面对这样一个现实：孩子会令女性的生活出现翻天覆地的变化，她得去关心和照顾孩子，而她可能根本不知道该从何做起。

几乎可以肯定的是，像艾米丽母亲这样的女性，她们完全不懂爱为何物。她心中没有一丝爱来帮助缓解初为人母的恐惧和挫败，相反，她满腔愤怒，把生活中的不满、厌烦以及无助感全都归因于女儿。她希望女儿从眼前消失。

不被需要的伤痕

艾米丽经历的这种情感离弃，和母亲把孩子扔在教堂门口或是半夜和其他男人开车私奔相比，似乎没有那么夸张，但其实这些离弃都会让孩子困惑和迷惘，都会给孩子的心灵留下创伤。

艾米丽："我从未有过安全感，也从未觉得自己曾经是个孩子。没有人给过我安全感。没有教导、没有指示、没有安排、没有关爱，也没有支持，无论是在哪一方面，什么都没有。我根本没办法应对生活，我连一些基本的事情都不会做。妈妈是从来都指望不上的，她从没让我觉得自己是一个女儿，我也从没觉得自己是她的宝贝。我只是她在合适的时候，不得不去处理的东西。

"我觉得自己被人彻底遗弃了。第一次来月经时，我不知道这是怎么回事，所以我跑去问妈妈，可她只回了我一句'自己处理'。"

艾米丽很早就认定，被否定总比被无视强。

艾米丽："至少在我考试作弊或者在走廊亲吻男生被抓，妈妈不得不来学校时，我就可以假装她是在关心我。于是，我不停地捅娄子，如果我不惹事，我就会被无视。"

被无视，这是我经常能从艾米丽这样的女儿那里听到的词。母亲从心底将她抹去，而她是那么渴望能得到爱，甚至愿意为此不惜一切代价。她从不知道，自己也能被爱。

艾米丽："我总是识人不清。我可以放弃金钱，放弃事业，放弃人生的规划，放弃一切，只求有人能爱我，或者想和我在一起。我渴望有人能照顾我，却总是事与愿违。他们都会像乔希这样，起初对我非常好，但最后都会离开我，我怀疑他们是否真的在我的世界里存在过。"

艾米丽轻声哭了起来："我只是觉得，我不配拥有一段美好的爱情，也不配遇到一个好男人。有时候，我会忍不住想，如果我有一个正常的、真正关心我的妈妈，我会是什么样子呢。"

我："艾米丽，我想帮你继续前进，但你不能被'如果'困住，因为它会让你一直陷在渴望、幻想和一厢情愿中。"

我告诉她，我们可以分两个方向进行梳理，一个是她的感情问题，即当前的危机；一个是她童年的遗留问题。无论是否继续和乔希在一起，她都可以学习新的方式去增强自己的存在感，察觉别人对她的关注，并让别人正视她。

无法保护女儿的母亲

就像母狮会与任何威胁到幼兽的动物进行殊死搏斗那样，一位慈爱的母亲做的不会比这更少。如果想让女儿茁壮成长，母亲要担起许多责任，其中最为重要的，莫过于保护女儿。如果母亲有意不保护女儿，使她遭受来自父亲、继父或者其他人的伤害、肉体虐待甚至性虐待，那她就犯了协助和教唆的罪责。当母亲辜负女儿，在女儿受到人身伤害时选择袖手旁观，这时的情感离弃会造成极大的创伤和危害。

因为恐惧、消极和自私的心理，有些母亲情愿女儿被殴打、被性侵，也不愿自己冒着被伤害被抛弃的危险去面对施暴者。不管伴侣有多么残忍暴力，她们还是会想方设法地依附于他们，而无视女儿的尖叫和哀求，甚至认为自己不参与就是正确的做法。她们移开视线，默许伤害继续进行，被伤害的女儿满怀恐惧、疑虑和自责，认为是自己招致了这些痛苦。

金：直面过去的阴影

金是个惹人注目的美人，有着一头红褐色的头发。她今年 42 岁，为女性杂志撰稿。她告诉我，她和 16 岁的女儿梅莉莎之间的摩擦越来越多，母女关系开始变得紧张。以前，金和梅莉莎十分亲密，但当梅莉莎到了想要离开母亲和朋友待在一起的年纪，金就开始忧心忡忡。梅莉莎是个好学生，也很受朋友欢迎，金告诉我，她很希望能一直保持这个状态。

金："她总是不停地抱怨，说我不信任她，可我只是设定一些限制，确保事情不会失控。我给她设了一个晚上9点的宵禁，不管她去哪里，9点都必须到家，当然了，约会和在外过夜是不被允许的。于是，麻烦就来了。"

我告诉金，我不明白她有什么好担心的，梅莉莎在学校成绩出色，而且看起来表现也很好。

金："你说得没错。但我很清楚，如果不紧盯着这个年龄段的孩子，会有什么后果。他们可能一秒就会失控。"

金似乎总是凭空地认为梅莉莎会走歪路，我也毫不意外，一个16岁的少女生活在这种管制下会有多心烦意乱。如果她必须赶在9点前到家，她晚上看电影都无法看到最后结局。但金坚持认为女儿需要她的保护。

金："你不是不知道外面的世界有多乱，孩子们很容易就惹上麻烦。我打心眼里希望我妈妈能够像我关心梅莉莎一样关心我。这样我的人生就不会遇到那么多麻烦了。"

我让金认真想想，她对女儿的担忧是否和她自己曾经的遭遇有关，是否过去的阴影没有消散？

她想了好一会儿。

金："可能一直以来，我都担心自己没法成为一个好妈妈。我知道现在说这个已经晚了……小时候我的生活很糟糕，然后我对自己说：'那已经是过去的事了，我现在过得很好。咬咬牙，就可以坚持下去。'但是，以前的负担我还是没能卸下。"

金的双眼噙满泪水。我安慰她，说只要我们直面那些"负担"，它们就无法再对她产生这么大的影响。"那么，在你小时候，你家里究竟发生了什么事？"我问她。

金："我只对我丈夫一个人说过这些事，他也是我唯一信任的人……我的童年就是个噩梦。我爸是个暴力狂，他经常打我，抓着我往墙上撞。我妈妈就只会站在一旁，默默地看着。她什么也没做！她任凭丈夫蹂躏自己，也默许他这么对我。她想留住丈夫，想留住一个徒有其表的家，付出代价的却是我。她只关心其他人怎么看我们。"

在这种充斥着虐待的婚姻关系里，母亲变成了一个被吓坏的孩子，她更多地只顾着保护自己免受身体和情感上的暴力对待，却很少想着要保护女儿。她没有采取必要的措施赶走施虐者，反而选择了逃避，有时候甚至把孩子当成抵挡施虐者的挡箭牌。

金： "我特别希望她能保护我、在乎我。可是，她明明看到了一切，却假装自己什么都没看到。"

因为母亲一直不愿意面对，金就变成了牺牲品。在这种情况下，真相是她的敌人，因为它会让这个支离破碎的家庭更加摇摇欲坠。如果非得让这类母亲面对实情，她们可能就不得不采取一些措施，比如报警，或者联系受虐儿童保护机构。但她们被吓坏了，不会想这么多。于是，她们选择沉默，选择服从，选择置身事外。

金： "我爸爸……是个疯子。他用皮带抽我，朝我大吼大叫，折磨我。我做什么都是错的。待在那个家里的每一天，都像待在地狱里一样。我觉得自己要被淹死了……那个家让我觉得窒息。从五六岁的时候开始，我就比任何人都更懂得暴怒、厌恶、生气和极度的恐惧是什么感觉。有哪个孩子理当体会到这样的情感？

"还有我妈妈！我知道她能听到我的尖叫声，听到皮带抽打在我皮肤上的声音。我知道她能听得到我是多么痛苦地在喊救命……但她没有保护过我，一次也没有。我是她女儿，她却从未……"

（金轻声啜泣了一会儿，然后擦干眼泪。）

"你知道我一直想不通的是什么吗？我想不通为什么我们不能住到外婆家。外婆家的房子很大，我经常会数她家里有多少张空床，然后疑惑为什么我们不能和她一起住。我们并非无处可去，但我妈妈却让我和那个禽兽住在一个屋檐下。她纵容他虐待我，还有我弟弟……我对妈妈说，我们可以一起逃到外婆家。她却说：'你知道我们做不到的。你爸爸永远不会放过我。别再说那种话了，那是不可能的。别再说了。'从小到大，我一直很无助很害怕，而且我没有任何倾诉对象。我知道我说什么都没用，我想这也是我选择通过写作来表达自己的原因。我觉得孤立无援，不知道有谁值得信任。"

当信任变成伤害

这种充斥着恐惧、挫败和背叛的氛围，对金理解他人和审时度势的能力造成了持久的破坏，也令她自身变得喜怒无常。离开家之后，她经常极难相信其他人，正如大多数未受到保护的女孩一样。她们会错误地认为，每一个人都会伤害或者背叛她们，并坚信自己是孤零零地生活在一个充满危险的世界中。这种认知会导致她们对任何试图亲近自己的人都产生恐惧和怀疑，往往会对其他人做最坏的猜测，从而破坏亲密关系。毕竟，如果一个人连自己的母亲都无法信任，还怎么指望她去信任其他人？

或者，颇具矛盾的是，她们可能会转向另一种极端——容易轻信他人。她们渴望找到一个能嘘寒问暖的人，于是会忽略预警信号，最后发现自己引狼入室，又一次受到了伤害。小时候没有得到过保护的女性，潜意识里会认为自己不配得到爱，因为如果有被爱的资格，母亲是不会允许她们被伤害的。"我不相信会有好事降临在我身上。"她们这样告诉自己。

"优秀又友善的人，不会真心爱我。"大多数孩童时期受过虐待的人，长大之后通常会无意识地被类似于他们童年时熟悉的人或行为所吸引。对金这样的女孩来说，那通常意味着一个情绪不稳定，甚至有潜在危险的伴侣。

金在大学里认识了亚历克斯，一个聪明又开朗的商科学生。她对我说："我觉得自己的人生终于开始好转，遇到了一个感觉是真心爱我的人。"交往一年之后，他向金求婚，即便从一开始金就能隐约察觉他的脾气不好并感到不安，她还是欣喜激动地答应了。

金："现在回过头看，我都还能记得每一个感觉日后会有麻烦的时刻。有一次，服务员上菜晚了几分钟，他就冲着对方大发雷霆。有时候在街上遇到疯子，他会选择上前去和他们对骂，而不是直接走开。这些都让我感到很紧张，但由于不是经常发生，所以我以为他只是那天心情不好。"

金能感觉到亚历克斯潜在的暴脾气，她很害怕，但竟然也有些适应——千万不要低估"熟悉"的力量。但她并没有被童年的遭遇所摧毁，心里仍保有的那个健康正常的声音让她能够看清亚历克斯。

婚后的几年，每当亚历克斯朝她咆哮时，都是这个声音在拯救她。

金："我忍了亚历克斯很多次。他清醒的时候还好，但只要喝多了就会发酒疯。他的脾气不好，梅莉莎出生之后，我越来越害怕。他发怒的样子简直就像我爸爸的翻版。有一天晚上，因为不满意我准备的晚餐，他一拳捶向墙壁，还砸碎了家里最好的瓷器。也就是在那天晚上，我意识到要保护自己和女儿，我得和他离婚。我曾对天发誓，我绝对不会像我妈妈那样对待自己的女儿。"

选择和亚历克斯离婚的金表现出了极大的勇气。想到自己差点再次受虐，想到梅莉莎差点就遭遇家庭暴力，金非常后怕。她加入了一个受虐儿童幸存者互助组织并查阅了大量书籍，发现自己并不孤单，并且从理解她过往经历的女性群体中汲取了巨大的力量。

直到最近，金才确信，她终于将过往的一切抛在了身后。她现在是一名成功的作家，她的第二任丈夫托德是一名化学家，事业有成，而且对她们母女很好。金非常满足，但和女儿梅莉莎之间的痛苦冲突深深地困扰着她。

金以前做过的决定——"我绝不会像我妈妈那样对待自己的女儿"——帮助她熬过了艰难的时刻，现在却变成了一种阻碍。金害怕如果不看紧女儿，她可能就会犯和母亲一样的错，并因此感到内疚。所以，作为弥补，她对女儿采取了保护过度的严格管制。她又一次遇到了关于信任的问题——即使理智上知道梅莉莎是一个有责任心、头脑冷静的女孩，她仍然没法控制自己把事情往最坏里想。她发现自己再一次六神无主。

随着我们进一步的讨论，金开始意识到，童年的恐惧是她对女儿焦虑的根源。当我们帮助她驱散童年经历带来的痛苦和影响时，她的恐惧和焦虑明显消减许多。她开始能够放松对女儿的钳制，只要她们愿意，假以时日定能重拾金曾害怕已经失去的、充满爱意的母女关系。

妮娜：当受害者变成恶徒

许多未尽到保护责任的母亲都有一个惊人的娴熟技能，即为施虐者的行为开脱，认为导致女儿受虐的"源头"是女儿自己。

妮娜，48 岁，一位计算机系统分析员。第一次咨询时，就告诉我她想学会如何更好地与他人交流，并改善自己的形象。她的个子不高，衣着邋遢，灰白的头发向后编成一条辫子，素颜，她从没有像模像样地谈过一次恋爱。

我让她评价一下自己。

妮娜（低头盯着膝盖）："我又丑又笨，我的鼻子太大了，两只眼睛太靠近了。没有人会喜欢我。我只要照镜子就能知道——这不是秘密。"

我告诉她，镜子是中立的，它不会说类似于"你很丑"和"没有人会喜欢你"这样的话。但她经常会从父母口中听到这种话。

妮娜："我就是家里的害群之马。他们想要一个漂亮的金发女孩，可我又矮又黑又笨，总是莫名其妙就被绊倒。我的关节不正常，因为这个毛病，我小时候特别笨拙，总是会摔跤。我的关节很不稳定，但很长一段时间里，我都不知道为什么。我妈妈不是很相信医学。她说：'你摔跤是想让我们注意你，所以你爸爸才会那样。'"

"会怎样？"我问她。

妮娜（沉默了很久）："打我。每次我一摔倒，爸爸就会打我。他说我是故意的。后来，只要他心情不好，就会打我。用拳头、用皮带……我害怕摔倒，但我没法控制。小时候，我会一直待在自己的房间里，直到他出去上班，这样他就看不到我了。"

和其他未尽到保护责任的母亲一样，妮娜的母亲变得冷酷又挑剔，她大肆指责妮娜，为自己的怯懦和严重的疏忽开脱。"别再惹你爸爸不高兴了，"她会对惊恐不安的女儿这样说，"别再说他的坏话，我不想听这些话。"她打击女儿，助长施虐丈夫的威风，她对女儿说："你知道爸爸是多么辛苦地在工作吗——你一点同情心都没有，根本不懂怎么为家人着想。"

有虐待行为的家庭秉持一种非常荒谬的逻辑，就是颠倒黑白。小妮娜身体虚弱，没有得到治疗，却成了家里的恶人，她父亲反而变成了"受害者"，尽管孩子害怕他，见到他就躲。妮娜的母亲会这样告诫女儿："对他好一点——去和他说早安，朝他微笑。"对殴打自己的男人微笑。

同时，她也在摧毁女儿的自我形象。

妮娜："每次一看到我，她都会摇头，就好像我是某种她不得不忍受的诅咒。她还会告诉我我有多丑。"

在长大离开家之后，坚韧的妮娜历经艰辛，终于开始了自己的生活。她参加计算机培训，存钱，尽自己所能远离那个家。但她没能忘记母亲说过的话，它们在她的脑海里无限循环，就像最终会应验的预言：

- 你是自私鬼。
- 你没有同情心。
- 你是丑八怪。
- 你不正常。
- 你永远没人要。

难怪妮娜如此胆怯又孤僻，令人心疼。因为觉得其他人会伤害她，会对她说不友善的话，会把所有的不顺都归咎到她身上，因此除了工作上的必要接触，她避免和其他人往来。

她开始和我一起恢复被她母亲扭曲的形象，探索真实的自我。但几次一对一咨询之后，我意识到她最需要的是一种能帮助她打破自我封闭的情境。小组治疗是理想的模式，但因为当时我没有任何自己的小组治疗，我便把妮娜介绍给一位值得信赖的同事。我告诉她，当她开始适应小组治疗后，我们就可以逐步停止一对一的治疗。她听说要在众人面前说话时吓坏了，但在第二次小组治疗之后，她就有勇气开口了。她告诉我，大家在听她讲话。随着时间的推移，她已经能够毫无恐惧地直视小组成员的眼睛，并第一次体会到了和他人交流的快乐。

当母亲失控

如果说被疏忽的母亲背弃让人诧异，那么，当母亲成为施虐者时，所带来的就是另一种截然不同、锥心刺骨的震惊。

本应温柔抚触的双手，突然握成了拳头，或者拿起了皮带、衣架或木勺。本应满含爱意的目光，突然除了暴怒再无他物。紧跟而来的，是母亲的殴打。

她的暴怒改变了一切。厨房里的普通物件通通变成了武器。孩子柔软的躯体满是瘀伤，有时候甚至骨头断裂。母亲摇身变成怪物，本应是安全的世界变得支离破碎。

在我作为心理治疗师的早些年间，就接触过许多小时候受过虐待的人，当时我认为虐待孩子的多是父亲，或者是家庭里的其他男性。但多年的经验告诉我，母亲同样会对孩子施虐。

这类女性的心理极度不正常，有的甚至患有精神疾病。她们一生气，就无法克制自己的冲动。她们被愤怒冲昏了头，女儿变成了曾经伤害过她们、让她们失望的人的替身。孩子触发了母亲所有未消散的愤怒、怨恨、缺失感和对被拒绝的恐惧，也提供了一个绝佳的垃圾倾倒场让母亲尽情宣泄、展示内心的丑陋。

我的当事人黛博拉讲了一个让人不寒而栗的例子。

黛博拉："从小到大，我永远无法预测妈妈什么时候会爆发，以及怒气会有多严重。我们家就是人间地狱——持续不断的怒吼、尖叫、谩骂，还有不期而至的暴力。我妈妈，她真的很恶毒。她会重重地扇我耳光，还会打我的头，次数多得我自己都记不清。她会用金属衣架抽我，抽我的胳膊、手和后背。如果我逃进浴室里，她就会追过来，用铅笔捅开门锁。她会朝我尖叫，说我骄纵、惹人厌。跟着，她会揪我的头发，继续打我。只要稍有不从，她就会罚我站在墙角面壁思过，一站就是几个小时。如果我因为腿麻没站住，她就会拉住我的胳膊把我揪起来，然后打我的腿后侧，直到我自己重新站稳。她真的很无情……我不明白怎么会有人这么残忍地对待小孩子。我都不知道自己是怎么挺过来的。"

黛博拉：学会处理愤怒

黛博拉，41岁，平面设计师，自己有一家公司，规模不大，但发展势头很好。她给我发邮件，希望可以尽快和我见一面。她对8岁的女儿大发雷霆，自己都被当时的怒火吓到。她在邮件里写道："我遇到麻烦了。"几天后，她来到我的办公室，当时，她面色苍白，焦虑不安。我向她了解了一些背景情况，然后问她发生了什么事。

黛博拉："前几天，我差点动手打我女儿，这真的把我吓到了。我当时非常生气，根本冷静不下来，我以为自己会动手打她。虽然我忍住了，但真的差一点就动手了，而这恰恰是我一直发誓永远不会对女儿做的事……我不是在给自己找借口，但最近我的压力相当大。我有三个孩子，都不满 10 岁，公司的生意越来越好，这本是好事，问题是结束一整天的工作回到家之后，我已筋疲力尽了。周四晚上，我回到家里时，我 8 岁的女儿杰西卡正一个人在客厅看电视，其他两个孩子则和爸爸在楼上一起看球赛。我不知道她是怎么回事。她把沙发垫堆成一个堡垒，往里面塞了一堆零食。她之前一定和小狗打闹过，因为爆米花撒得满地都是，地毯上还有可乐的污渍。她就坐在垃圾中间，看着无聊的电视节目。我抓起遥控器关掉电视，给她下指令。我让她把垃圾收拾干净，然后立刻上床睡觉，之后至少一个礼拜不能看电视，除非我允许，否则看电视的时候不能吃零食。

"她坐在那里，一动不动。我告诉她快按我说的去做，然后就听到她小声嘟囔，说我是个刻薄的老巫婆。我顿时就怒气冲天，开始朝她大吼……那实在是太可怕了。'你怎么敢那样跟我说话！你以为自己是什么货色，你这个忘恩负义的东西！我实在是受够你了！我为了你累得像条狗……'我从没这样对孩子说过话。狗链就放在桌上，我把它拿起来，扬起手，我觉得下一秒我就会……我的天哪，苏珊。当时，杰西卡被吓坏了。我太熟悉那个表情了。那就是我，小时候即将要被妈妈打的我。难道我要变得和妈妈一样了吗？……我绝不能让这种事发生。我妈妈是个疯子。难道我也这样？我觉得自己总是很愤怒。"

我宽慰黛博拉，告诉她愤怒只是一种强烈的情绪。你觉得很愤怒，并不意味着你疯了。黛博拉有权发火，但她自己清楚，叫骂和殴打不会带给孩子任何积极的影响。愤怒只会催生愤怒。黛博拉得先解决一直被自己压在心里的愤怒。要解决这个问题，我们就要深入了解她小时候所遭受的虐待。

黛博拉告诉我，从她三四岁起，妈妈就开始打她，她详细地描述了母亲那些折磨、殴打她的手段。她说，长大离开家之后，她就将永远摆脱暴力当成自己的使命。上大学后，她便和母亲断绝了联系，即使这意味着她不得不打几份工来养活自己。其中一份兼职就是在一家平面设计公司工作，毕业后，这家公司聘请她为正式员工。几年前，她离开公司，自己开了一家精品网页设计公司。

黛博拉："和妈妈断绝联系之后，我真的认为一切都会好起来，特别是在我成了家生了孩子之后。一旦有了自己的孩子，你就很难想象，怎么会有人，尤其是自己的母亲，能下得了手伤害那么小的女儿。我曾经和她生命相连啊，我曾经在她的身体里啊。我知道感受到孩子在体内孕育的感觉，也知道第一次看到她的脸时的感觉……她怎么可以……这么残暴？每次一想到这个问题，我就会非常愤怒。"

与其他受虐的女儿一样，因为母亲让自己感觉痛苦、屈辱又落魄，黛博拉内心的愤怒日积月累。现在，发现自己把怒气发泄在孩子身上，她陷入恐慌，担心它会再次倾闸而出。这种害怕并非毫无缘由，因为如果没有得到治疗，伴随虐待而产生的强烈情绪会让受虐的女性很容易就变成施虐者。

可以说"对不起"

黛博拉明白，她首先要做的是修复和女儿之间的关系。"杰西卡真的在躲我，"她说，"她仍觉得害怕，我不知道该怎么办。我想我真的让她受伤了。"

我建议她先向女儿道歉。做错了事就主动道歉，这是你给予孩子的一份很有助益的礼物。由此她会明白，你并不害怕示弱，也不害怕坦白，而且，你非常尊重她并愿意承认自己的错误。同时，你也可以要求杰西卡改正她的行为。我对她说："你得让她尊重你，让她明白你工作很辛苦，回到家时会很累，所以你非常需要她能够收拾好自己弄乱的东西。"

根据黛博拉的反馈，道歉的效果很好。后来，她向杰西卡张开双臂，杰西卡一把抱住了她。她抚摸着杰西卡的头发，杰西卡就紧紧地依偎在她怀里。如今，黛博拉决心要彻底祛除内心的愤怒，于是我们接下来的诊疗重点都集中在她的愤怒和哀痛上。

性虐待——双重背叛

母亲知道自己的女儿遭到性虐待却无动于衷的后果，是女儿将会付出难以想象的代价。性虐待会让女儿时刻有一种深深的羞耻感，在内心深处，她觉得自己是被玷污的人、是被指责的人、是没有依靠的人。她认为自己是"受损物品"。

即使这个话题被坦率地讨论了数年，也仍然有很多人没有意识到这种犯罪行为背后的驱动力。这种驱动力的主要来源并不是性，而是施虐者对权力和控制的一种冰冷又扭曲的欲望。他会利用自己的权威让受害者或者受害者们（他很可能不止骚扰一个女儿）服从他。他还会操控或哄骗，比如"让爸爸开心一下""让我告诉你，开始和男生约会后会发生什么"，让女儿觉得自己是同谋从而更深地陷入愧疚和羞耻中，而这些本该只是他一个人承受的。

施虐者锁定目标之后下手，他的目标是纯真且手无缚鸡之力的女孩，可能只有 3 岁，可能是 7 岁或者 10 岁出头。即使他在某种程度上意识到这种身体和精神的双重污辱会给女孩造成严重的心理创伤，她会因为遭到自己信任的大人的背叛而崩溃（很难相信他没有任何这种意识），他也不会打消罪恶的念头。无论性虐待者外表如何光鲜亮丽、举止正常，他在情感上也如同稚儿且缺乏安全感，实际生活中极度功能失调、心理严重不正常。

那么，可能知情或已经在怀疑却继续装作若无其事的母亲呢？就像本章里我们介绍过的那些母亲一样，她怯弱、对施虐者过分依赖，无论施虐者是她的丈夫、男朋友或者其他家庭成员，她都不敢对他提出任何质疑，她不愿意也没有能力将女儿解救出来。

性虐待只会发生在问题严重的家庭里，家庭中的角色定义和界限模糊不清、互有僭越。我为许多受害者做过治疗，引导他们重新找回了自信和尊严，以及最重要的，帮助他们重拾自尊。在本小节中，我选择了一个典型案例，以让大家了解沉默的母亲和虐待者是怎样一种合谋关系。如果你曾经遭受过性虐待，而且没有得到保护，我想你会在这当中发现许多熟悉的片段。同时，我需要你明白一点：你的创伤同样能被抚平。现在，这个过程就要开始了，让我们勇敢地面对那些曾经发生过的事。

凯西：必须处理的伤痛

凯西，33岁，衣着考究，是一家广告公司的客户经理。她告诉我，她担心两个小女儿因为她自己的复发性抑郁症而受苦。她很明察善断，知道自己的抑郁症是被遭受父亲性虐待却未得到治疗而导致的长期影响所引发的。她的故事同样很常见。

凯西："我生命中的大部分时间都在受这件事的折磨。8岁的时候，爸爸就开始虐待我。真的很恐怖……我试图安慰自己，还有比我更惨的人，那些人遭的罪比我要多得多；但当我生了孩子之后，我发现那段记忆变得越来越清晰。总之，我很伤心，而我来这里的原因是，我不希望我的孩子认为她们是我痛苦的根源。我发现每当我心情沮丧的时候，大女儿就会肚子疼，就好像她能感觉到我的抑郁。她不该受这种罪。所以，我觉得是时候了，看看我是否能彻底埋葬过去。这些年来，我阅读了大量的资料，试图开解自己。我以为我好多了，但我错了。我做得还不够。"

凯西来找我咨询是明智的做法。遭受过性虐待的人绝对需要得到专业的帮助。对和凯西有过一样遭遇的人而言，抑郁就像季节变换一样持续不断。但如果你找到一位优秀的治疗师进行疏导，次数越多，那些回忆对你的影响就越小。寻求专业帮助，对你和你的家人来说，都是一份爱的礼物。

我告诉凯西，第一步要从谈论她所遭遇的性虐待开始。这当然很艰难，但她鼓起勇气把它说了出来。

沉默的另一半：否认和责备

凯西被父亲性虐长达数年，我问她是否曾经告诉过其他人。

凯西："爸爸警告我，让我不要对外透露半个字，不过，10岁的时候，我告诉了妈妈。我不想再受折磨了！但她根本没采取什么实质的行动！她找我爸爸谈话，爸爸承诺他不会再犯，而且会去做心理咨询。但这些都是谎言，性虐仍然在继续。"

如果母亲爱自己的孩子，在知道女儿被骚扰时，她会暴跳如雷并立即采取措施结束这种虐待。以前我上广播节目时，曾有一个听众打电话进来说："要是有人敢这样对我的孩子，我绝对会想杀了他，而且会立即报警抓他！"她代表着会英勇站出来保护孩子的母亲，每个女孩都值得这样被母亲保护。但如果母亲没有这种义愤和魄力，女儿可能就会常年承受着身体和精神的双重摧残。

更有甚者，不称职的母亲还会让女儿认为自己被性虐待完全是咎由自取，就像前文我们提过的妮娜。女儿明明是受害者，母亲却用尖酸刻薄的话来指责她：

• 他不可能会做那种事。一定是你勾引他。

• 如果你想，你完全可以让他停下。

• 你一定乐在其中。

·如果你没有穿那些紧身短裙，这种事根本不会发生。

她可能会想方设法否认女儿被性虐，说"这些都是你编的，你是想让大家都关注你""不可能有这种事""你说这些是想报复他"之类的话。

如果她只是敷衍性地"保护"女儿，她通常会说"在你的门上加把锁"或"离他远点就行"这些没什么实际用处的话。

怎么会有上述的否认、漠不关心和共谋行为的出现？和本章提到的其他母亲一样，容忍女儿被性虐待的女性，她本人必定是消极、懦弱、自私的。她可能害怕家庭破裂后的各种未知情况。或者，她害怕东窗事发之后，自己会被羞愧和负罪感没顶；又或者，她认为女儿遭受的虐待是丈夫赚钱养家所应得的，她害怕自己一旦采取措施，将会招致混乱和严重的后果。

有的母亲甚至会嫉妒女儿。这种情况并不少见，这些母亲认为女儿取代了自己在婚姻中的地位，把这种野蛮性虐待错认为是基于性冲动，进而把女儿当成情敌。如果丈夫事业有成（许多乱伦犯罪者都是成功人士），她可能就不愿意放弃丈夫带来的各种好处——经济保障和大房子，这些对她来说通常比女儿更重要。

这类有缺陷的母亲几乎没有同情心和怜悯心。她的情感词汇里没有爱和保护这两个词。

更深层次的背叛

母亲的反应，对于受虐女儿治愈的影响，再怎么强调也不为过。它决定着女儿是如何看待自己所遭受的一切，以及日后如何去认识自己。爱孩子的母亲会相信女儿告诉她的话，会让女儿知道自己没有做错任何事，并会采取行动——通常是离婚或者让警方逮捕施虐者——以确保女儿不再受到虐待。如果没有以上这些重要的肯定，受虐的女儿就会觉得自己"不完好""不干净""不一样"，这就是乱伦的"三不"影响。

一开始，凯西的应对方法是孤立自己，有一些受害者也会这样做。她不断增肥，误以为这样自己就不那么让人有兴趣，然后就安全了。

凯西："很长一段时间里，我对约会都不感兴趣。会有谁要我？我是那种被亲生父亲做过龌龊事的女孩。只有吃，才能填补我内心的缺口和孤独。我不相信任何人，而且一直都觉得压力很大。上大学时，我胖了很多，这让我对自己越来越没自信。我去做抑郁症的心理咨询，并设法减肥，但仍然不相信自己也会有人爱……

"大学毕业之后，我在一家广告公司实习，随后，奇迹发生了。"

工作的时候，凯西和伊桑成了朋友。伊桑是一个善良又有趣的男生，他们互相吸引，最终走到了一起。

凯西："伊桑真的对我帮助很大。我知道，将我那些痛苦的过往在他面前摊开，对他而言是一种伤害。我们在一起的十三年里，他时不时就能听到我的过去，在我想要让自己痊愈的时候，他一直陪着我。对我来说，他是天赐之福。"

恋爱初期，她几乎没再想起被性虐待的过往，然而，即使一路都有伊桑的爱和支持，她还是无法确定那些回忆何时会卷土重来将她湮没。女儿陆续出生之后，那些过往又涌上心头，在丈夫帮女儿洗澡、穿衣服时，它们时不时就会随之爆发。这很常见，自己的孩子是重新激活黑暗记忆的最有力的触发因素之一。除此之外，父母去世，电视或电影中的虐待镜头，甚至是发现女儿成长到自己第一次遭受虐待时的年龄时，也会成为诱因。

凯西："我妈妈觉得我们应该就这样翻篇。最近，她对我说她不想再谈论这些事，因为觉得尴尬。她根本不知道什么叫尴尬。现在的我不想让她的拒绝和否定来影响我的生活。她却一副什么事都没有发生过的样子。我也想将那些过去彻底遗忘，但她不帮我。我真的愤怒异常。人们都说，唯有宽恕，你才能继续前进。我也希望我能这样。"

我："凯西，你妈妈的所作所为很过分，不管大家会对你说什么，其实你没必要原谅她。但你得摆脱她的背叛对你造成的控制和影响。原谅并不是魔法棒，轻轻一挥就能改变一切，尤其当你父母的行为给你带来了毁灭性的伤害，却没负任何责任的时候。"

凯西："谢谢你这么说。现在，我有了两个漂亮的宝宝，愤怒仍然会涌现。我绝不允许任何人伤害我的孩子，我也绝不会将她们置于任何可能会被人伤害的情景里。我觉得现在最大的难题，是弄清楚为什么我妈妈对我没有同样的想法……"

我告诫凯西，纠结原因通常是无用功，因为我们可能永远也无法让真相水落石出。疗伤只需正视发生的事和它对你的影响，然后思考采取什么措施去应对影响。

受伤不等于毁灭

在我漫长的职业生涯中，我最引以为豪的是，我是最早公开谈论性虐待并让其得到公众正视的心理健康专家之一。这是一场艰苦的战斗，我不断通过电台、电视节目、研讨会和新闻采访去发声（天知道我都是怎么讲下来的），直到公众和一些非常抵触它的精神病学专家愿意接受，并不再将其视为一个禁忌话题。如今，人们对性虐待的普遍性以及它所造成的深重伤害有了更多的了解。同样，对身体虐待和情感忽视也有了进一步的理解。

艾米丽、金、妮娜、黛博拉和凯西身上有着无畏的勇气和决心，我总是会被这类女性感动，并心生敬畏。尽管曾被母亲背弃，但她们通过治疗，不仅渡过了难关，还让自己的生活变得充实和有意义。

我想请你们放心，即使你曾不幸遭遇过情感忽视、身体虐待或性虐待，并且没有得到妥善的安慰和关怀，这也不意味着你的人生就此走进了死胡同。被忽略和虐待的影响很严重，但同样，治愈的成效也很惊人。你并非生来就要受这种罪，也没有被诅咒。你是受了伤，但没有被毁灭，而且那些伤痛能够带给你大智慧：让你有同情心，有同理心，可以敏锐地察觉他人对你的错待。运用这些智慧，我们可以把磨难酿成蜜糖。让我展示给你看。

MOTHERS
WHO
CANT LOVE

A Healing Guide for Daughters

第二部分

治愈来自母亲的创伤

在接下来的章节中，你将会看到一些卓有成效的方法，包括角色扮演、书信沟通、想象和强化练习等。我曾用这些方法，帮助本书提到过的女性从困惑、伤痛和愤怒中走出来，她们摆脱掉思想的枷锁，不再认为从母亲那里感受到的痛苦和困惑是自己的错。

随着阅读的深入并亲自做一些练习，你也会认识到母亲那些无爱的行为不应归咎于你。母亲情感上的遗弃、过度管制、虐待和欺凌，从来都不是你应该承受的，更别说母亲通过利用、折磨你来彰显自己的实力。你本该得到她的爱，需要她给予你温暖、安全和支持，需要她将你视若珍宝，这些需求如此迫切，但她没有这么做，或者无法这么做。在接下来的章节里，我们的任务之一是帮助你接受潜藏在内心最深处的事实。在你治愈自己并正确处理与母亲的关系之前，你必须从理智到情感都全面承认发生在自己身上的一切。

根据我的个人经历，我知道承认过去会带来巨大的伤痛，这一点从当事人的讲述、我收到的信件和电子邮件里也完全可以感受到。可一旦你鼓起勇气接受那些事实，就可以不再因为自己没有得到充分的母爱而时刻感到痛苦。按你自己的节奏，看看这本书，然后花点时间让你所读的内容沉淀下来，之后再继续阅读。不要尝试压抑自己的情绪。你可能会流很多眼泪，这没什么大不了，悲伤和愤怒是这个过程中自然而必要的一部分。记住，眼泪就像河流，从一处开始流向另一处，它们会载着你走向治愈。

请记住，接下来的几章中会介绍一些练习方法，但它们不能替代与治疗师、互助小组的当面交流或是十二步骤康复计划。如果在成长过程中，你遭受过身体虐待或者性虐待，那就非常有必要接受专业帮助。如果你正在使用药物或酒精来减轻痛苦，你就得参加十二步骤康复计划，或者找戒瘾专家。请确保你在遵照本书的提示开始进行之前，至少要戒酒（或者进行其他节制）不少于三个月。

在复原的初期，你会特别脆弱，情绪非常敏感。在这种情况下深入儿时那段痛苦的回忆，可能会导致你重新回到物质滥用的状态。如果你正在或者一直和抑郁症斗争，你要记住一点：现在有很多治疗的方式。最重要的是你并不孤单。

我们会先从冷静的有认知能力的理性层面开始，再进入情感层面。一个健康的人能思考、有感觉，我要帮助你的是平衡这两者。如果你不在我之前描述的类型范畴内，你当然可以根据自己的情况选择相应的练习。这其中的交流练习对大多数人来说都是适用的，而且接受过练习的人都有了很大的改变。但别忘了，如果把本书的建议与专业的帮助相结合，你将能得到最大的助益。

你即将要面对的情绪可能极度强烈，所以很重要的一点是，在开始之前你必须找到一个可以求助的人。如果你正在接受治疗，或者有这种打算，你可以带上这本书去参加治疗，并在那里做一些书中的练习。寻求你所需要的帮助是力量的体现，而绝非软弱。最后，请记住，如果你想获得指导、确认和支持，你可以反复阅读这部分内容。

选择好的治疗师的若干建议

如果你决定需要治疗师的帮助，请确保你要合作的治疗师能让你感到舒适，并在处理不健康的家庭及其造成的创伤方面有丰富的经验。如果你和母亲的关系一直让你痛苦，甚至给你留下了伤痕，那么你需要一名敢于和你一起深入痛苦回忆的治疗师，这样你才能从伤痛中走出来，变得更强大、更健康。

请远离听完你的叙述后，对你说出以下这些话的治疗师：

- 那些都是过去的事情了——你得向前看。
- 我们还是来解决当前的问题吧。

- 你放你妈妈一马吧。她也有自己的麻烦。

- 你不能把时间都浪费在自怨自艾上。

- 你得宽恕、得遗忘，然后好好生活。

这些言论都是傲慢的，它没有尊重你的感受和经历。与一个以这种方式对待你的过去的治疗师合作，只会让你困惑、让你挫败，并加深你或许已有的自责（"为什么我这么幼稚？""为什么我无法克服这些？"）。找一个和你积极交流的治疗师，而不是一个只会往椅背上一靠对你"嗯嗯"敷衍两声，或者问"对此你感觉如何"的治疗师。你需要一个可以给你意见，积极和你配合的人。相信你的直觉。如果和你一起的治疗师让你觉得不舒服、不安全，或者觉得对方没有认真倾听，那么他/她不适合你。

温和一些——不用急

要善待自己，在阅读这部分的时候，记得给自己多腾出一点时间来书写、散步、思考和休息。这些章节的部分内容可能会让你情绪不稳并反应过激，所以这时千万不要做重要决定，直到你恢复冷静，并能够清楚理性地思考问题。如果你出现情感问题并且无法判断是否应该进行挽救，那么在处理好母亲的问题之前，千万不要做出任何冲动的举动。

我不能保证仅仅是通过阅读这些章节，就可以神奇地改变你的生活，治愈母亲无爱的行为所给你带来的伤害——这种保证是不负责任的表现。我能保证的是，采纳我即将教给你的策略可以减轻你的痛苦和困惑。你可以从一个全新又真实的角度看待自己和母亲，这种关键性的思维清晰能为你提供一个平台，你可以借此做出正常合理的决定，来处理与母亲的关系并重建自己的生活。

第七章

揭开真相的面纱

——

"我开始意识到这并不全是我的错。"

- 想拒绝，却应承了下来。
- 你发誓要捍卫自己的权利，却一次次地背弃誓言。
- 你无法成长，无法掌控自己的人生，也无法摆脱母亲的阴影。

这些都是不合理的。从理性的角度出发，你知道自己有多种选择。"我是成年人了，我应该能够告诉妈妈，我不能和她共进午餐，而不会因此感到深深的愧疚。"你对自己说，"但我可以没有负担地重新和朋友约午餐——那么问题究竟出在哪里？这么简单的事情，为什么做起来就这么难呢？"

答案就在你被灌输的思想里，母亲传递给你的信息就像大量的蒲公英种子，将你对自己的错误看法、和母亲关系的错误定位深植在你心里。在健康的母女关系里，你从母亲那里接收到的信息都应该饱含关怀，能帮你树立自信，帮助你成长并逐步独立。

但大多数时候，以上所说的并未发生。你的母亲更重视她自己的需要而不是你的，她的心思往往都在解决自己的烦恼上。我们已经看到了，爱无能的母亲普遍会为自己的伤人之举找借口，甚至拒绝承认，并将责任推到你身上。我们也看到，女儿们往往会接受这些指责，然后变得自暴自弃，而成人后，在与母亲相处时，也受制于这种自暴自弃的行为模式。这正是你的经历。你被灌输了错误的思想，在潜移默化中你会罔顾自己的最佳利益，凡事都优先考虑母亲。

这些信息不仅仅是以语言的方式传递，也会从母亲对待你的方式甚至是她的身体语言中体现出来：叹气，翻白眼，听话时就微笑，不听话时就愤怒地沉默。你不断地从她那里得到指令和反馈，但这一切往往都是为了让你与她之间的权力天平向她倾斜，你对自我认识、自我价值、自身优点甚至自己所处地位的基本感知由此被扭曲并受限制。即便如今你与母亲相距千里，你生活的很多方面也早已因为受到她灌输给你的思想影响而被定型。若你想改变自己的思想，改变和她的关系，重新发掘完整真实的自我并探知可能的未来，那么首先要做的就是对她传递给你的信息进行去伪存真，然后，一步一步地剔除那些让你自暴自弃的思想。

这就是我们在本章要做的事情。

这项工作影响巨大，而且要求甚高，我们会慢慢推进。首先，我们要关注这些想法是如何被灌输的，随后我们会审视最容易探查到的因素——你的信念。

灌输的第一步："你是"变成"我是"

在看着孩子蹒跚学步的时候，母亲微笑着伸出手来帮一把并对他说："你可真棒！看啊，你正在走路呢。现在，你已经是一名小体操运动员了！"在那一刻以及很多类似的时刻，孩子感知并接受所有向自己涌来的信息："妈妈注意到我了，妈妈关心我在做的事。她爱我。我很了不起。我正在走路。"

对依赖着母亲的女儿来说，来自无所不能的母亲的微笑和赞扬意味着一切，所以她会尽自己所能去争取更多。相比之下，苛责和批评的影响可能很可怕，孩子会坚信："如果我惹妈妈生气，那我就死定了——她可能会离开我，让我自生自灭。"无论是肯定还是否定信息，孩子都照单全收，然后依据它们来形成对自己的核心认知。母亲所说的"你是"，就变成了女儿心中的"我是"。

孩子吸收的这些信息会帮助他们形成最早、最执着的信念，因为它们早已成为我们身体的一部分，我们没有任何质疑，在认知与行动中就将其默认为是真实的。如果我们自小得到的是赞赏和鼓励，那这是一件好事，我们会因此萌生积极的信念，比如"我很勇敢能干""我是好人""我适应性强"或者"我很可爱"。然而，爱无能母亲灌输给女儿的这些——对自己、生命中其他人以及是非对错的概念、态度、期望和看法——都是错误且极具破坏性的，它们却深深扎根在女儿心中。

母亲所说的许多"你是"都体现了她的不赞同、批评或无奈，例如"你太自私了""只有你能照顾好一切"或者"你让我心烦意乱，我觉得不舒服"等。当这些信息被内化为信念时，它们不仅仅停留在你内心，还会引发让你痛苦的感觉。你不得不和错误的信念斗争，因为它们把你形容成一个不顾他人、自私又无能的坏人。它们让你内心无比矛盾，你想知道事实是否如此，如果是，那将意味着什么？你想要证明它们是错的，但大多数情况下你只会遭受痛苦。你会感到悲伤、愤怒、愧疚、尴尬、沉重、羞愧、痛苦、抗拒、受伤或者听天由命等多种情感，而无论是哪一种都令人疼痛。

痛苦的情感会带来哪些影响？会引发自暴自弃。如果自恋型或控制型母亲给你灌输错误的信念，成功地让你相信自己永远达不到她（或任何人）的标准，你就可能会没有安全感、自卑、觉得自己不够好、缺乏自信。这些情感连带地会阻挠你，可能是因为太低调而无法顺利与人相处，又或是在喜欢的职业面前退缩，只因你的第一次面试没有成功，你就告诫自己不该继续尝试。为什么要让自己承受更多的羞耻和失望呢？毕竟，脑海里的那个声音总是在说："我永远都达不到标准，我根本没法和别人竞争。"

这是谁的声音？是母亲的。这对谁有利？还是母亲。自恋型母亲无须告诉你"你表现差一些，这样才能突出我的好"，控制型母亲也没必要对你说"你失败就证明我是对的"。哪怕她根本不在场，她灌输给你的思想也完全可以发挥作用。

如果你发现自己总会有自暴自弃的行为，那就可以确认是以下的循环在作祟：错误的信念让你痛苦，你无意识地采取有害行为来回避或者缓解痛苦。

接下来，让我举例详细说明这个循环是如何运作的。

1. 小时候，母亲传递的信息被你照单全收

从小，抑郁的母亲就会这样对你说："没有你，我什么都做不了。你是维系这个家的纽带，你是我的小天使，一切都靠你了。"只有在你为家人准备晚饭（哪怕当时你只有 8 岁），或者当她躲在房间里看电视，你不得不打电话帮她和老板请病假时，她才会对你微笑。

2. 小时候接收的这些信息被你转换成一系列错误的信念

"只有我能让妈妈高兴。我只有做了'好事'（哪怕是替她作假），她才会好受一些，然后才会爱我。如果她不高兴，那一定是我的错。我无权去做自己想做的事，也

无权抱怨。我的使命就是照顾她。"

这些与你和母亲的权利、责任以及身份相关的信念，会让你疲于应付不可能达成的事。事实上，你根本无须为母亲的快乐负责，你也无法解救她，只有她能解救自己。你注定要失败。真正的爱无须孩子用做好事去交换。你本应拥有童年，拥有自己的生活，认为你可以放弃这些的想法是荒谬不合理的，更不用说是毫无怨言地放弃。在世为人，你真正要做的是赋予自己个性并开展自己的生活，而母亲要扮演的是你的协助者。但如果和你自身信念发生共鸣的，是母亲的那些错误信息，而非任何理性真理，那这一生你的情感和行为都会被歪曲。

3. 错误的信念会产生痛苦的情感

无法解救母亲是你不可避免要面对的失败，从小到大，这一失败都可能让你觉得自己无能、有罪过、有缺陷、差劲，并感到羞耻。在你被灌输的思想里，这本该是你能做到的事。在努力维持家庭和睦的时候，你可能为此心力交瘁、满心厌恶，又为自己产生憎恶的情绪感到羞愧，与此同时，你也可能会为自己在这过程中所错过的事物而非常难过。

4. 为了缓解痛苦，你选择自暴自弃

为了减轻痛苦，你会想很多不同的办法。小时候，可能会不由自主地花大量时间一次次地试图抚慰母亲在生活

中遇到的创伤，这样就能证明你是一个好女儿，值得母亲去爱。你也可能深谙遇到困难假装若无其事不寻求他人帮助之道，因为你觉得不这样做就会暴露自己所谓的弱点、缺陷和不足之处。

作为一个成年人，你很可能仍然对母亲的需求高度敏感，即使你不想，甚至当你理智上知道这是没必要的，对你自己也没有帮助，你还是会迎合她。因为要向自己、向母亲和全世界证明你有能力、乖巧、缺点没那么多，最快最熟悉的方法就是去满足她的需求。

人类的行为是复杂的，我并不想暗示抑郁母亲的女儿都曾被错误的信念、痛苦的情感和不考虑自身利益的行为所束缚。每一位母亲都是独特的，每一位女儿也是如此。但我可以肯定的是，如果你对自己自暴自弃的行为追根溯源，就会发现其背后往往是深层的消极信念和相伴而生的负面情感。

我们看不见的信念和情感的力量

一旦理解了信念、情感和行为之间的关联后，中断这个循环似乎就相当简单了。尽管质疑错误的信念，确实是改变你回应母亲的需要和期望的方式的关键步骤，但进入实际操作时仍会遇到一些阻碍因素。首先，信念的本质是我们认定它们是真实的，比如地球是圆的、天空是蓝的，而身为女儿，我的使命是让母亲高兴，无论我喜不喜欢。

长久以来，我们误认为错误的信念是"真理"，以至于根本没想过要质疑它们。于是，它们变成我们的现实，我们没有察觉它们就是使认知失真的罪魁祸首。

很多时候，我们无法确定哪些信念总是令我们陷入困境，又是哪些痛苦的感觉在刺激我们的行为。它们巧妙地隐藏在我们的潜意识里，潜意识是一座巨大的仓库，其中的欲望、情感、见解、冲动、恐惧、记忆和经验在不知不觉间会对我们产生影响。通常情况下，潜意识里的那个东西让我们感觉不适，我们就会无视它，从而不让自己面对内心深处的羞愧感、不安全感和恐惧感。

把掩盖内心世界的窗帘揭开些许之后，我们开始了解潜意识的力量有多强大。即使女儿有意识地尝试规划和掌控自己的生活，她的潜意识也会疯狂地修复过去的伤口。它不断试图想办法"让妈妈爱我"，不仅翻出被灌输的思想，它还会寻求可以纠正童年失败的类似情境，以获得更好的结局。

潜意识会通过这样的方式为我们选择伴侣，决定我们可以取得多大的成功，以及影响我们人际关系和情感健康的质量。

• **你会妨碍自己的爱情：**

主观意识：我想找一个出色的伴侣。

无意识的信念和感觉：我不配被人爱或得到别人的

关心。我比不上其他人。谁会愿意要我？我不能把一个聪明、事业有成又有爱的男人带回家，妈妈不是朝他抛媚眼，就是把他批得一文不值。我不能比她幸福。我也不配得到幸福。

自暴自弃的行为：你不相信喜欢的人也会喜欢你，选择了与你合不来或者不正派的伴侣。你成为那些不愿为自己负责的人的救世主和保姆。你排除了最合适的人选，理由是"我是现实主义者，我不想让自己失望"。

• **你会妨碍自己的工作：**

主观意识：我真的很想成功。

无意识的信念和感觉：我不能比妈妈更出色。我会永远一事无成。我会想方设法破坏自己，这样才能满足妈妈对我的消极期望。她了解真实的我。我永远没法合格。我胜任不了。

自暴自弃的行为：你迟到，不完成工作，和同事吵架，做事拖拉，错过重要的最后期限，不按照指示和常理做事。

• **你会遏制自己内心深处的渴望：**

主观意识：我喜欢让别人快乐。我优先考虑其他人，因为我喜欢成为一个爱付出、有爱心的人的感觉。我们都应该关爱他人。

无意识的信念和感觉：如果我放弃自己所想，为其他人考虑，我就能赢得他们的爱和认可。如果我能得到足够的爱、认可和钦佩，就可以抵消自我厌恶感。

自暴自弃的行为：你戴着微笑面具，将为他人付出却被当作理所当然时所感受的怨憎吞下。让你做选择时，你说"我不知道"或者"我无所谓"。你不惜一切代价避免冲突。你忘记了自己的梦想。

显然，要想改变现状，势必要剖析你的潜意识。

你究竟相信什么？

要解析从母亲那里接收到并在不知不觉中被你奉为真理的信息，我们必须回顾你的那些所见所闻。所以接下来我们要做的，就是探究一些更为典型的信息，这些信息可能是从母亲那里听来的，也可能是你根据她对你的行为凭直觉推测出来的。请记住一点，这些信息可能母亲并不全是通过语言来传递。也许在她对你失望的时候，会通过某种行为来暗示你，可能时至今日都是这样。比如，在你让她不高兴的时候，她可能会撇嘴，或者生气地看你一眼。这些非语言信息具备和语言信息同等的威力，所以在你浏览下列清单的同时，也回想一下母亲的态度，以及这种态度对话语的增强效果。

看到引起你共鸣的内容，就在后面做记号，也可以自行补充清单里没有提到的内容。如果你仔细回忆了母亲为达目的时所用的言语表情、做出的批评、提出的要求以及当时的情景，你应该就能知道答案。

以下都是贬低你的错误信息：

• 你真自私。

• 你真没良心。

• 你有病。

• 你做的事没一件是对的。

• 你不知道怎么去爱。

• 你只考虑自己。

• 你太让我失望了。

• 你永远都一事无成。

• 因为你，我才会遇到这么多问题。

• 你一辈子都没人要。

• 你永远不可能像我这样有魅力、聪明、才华横溢而且受人欢迎。

• 你没有判断力。

• 没人在意你的想法。

• 你就是个累赘。

• 你只会惹麻烦。

• 都是因为你，家里才会有麻烦／虐待行为／让人蒙羞的事。

• 如果你能表现好一些，家里就不会有麻烦／虐待行为／让人蒙羞的事。

以上都是自恋型母亲、竞争型母亲、控制型母亲或施虐型母亲常用的说辞。这些诋毁你、让你崩溃的话可以帮她推卸责任，可以让她发泄不满，可以让她觉得自己无所不能。读到某一条信息时，如果莫大的熟悉感让你心里咯噔一下，甚至像能听到母亲的声音在脑海回响，那可能意味着这信息已经在你内心深处萦绕不去。要消除这些信息对你产生的影响，首先要对它们进行识别，这是很重要的第一步。

以下是给你带来不公平负担的错误信息：

· 你是我的一切。

· 你是我最大的骄傲。

· 除了你，我谁也不要。

· 你是唯一关心我的人。

· 只有你才能让我们的家庭和睦。

· 我们如此亲密，所以我们必须分享一切，我们之间不能有任何秘密。

· 你是我最好的朋友。

· 你永远都是我的小棉袄。

· 我能依靠的人只有你。

· 我很需要你，没有你我真的不行。

· 我爱你胜过爱你爸爸。

· 我下半辈子就全指望你了。

这组信息有所不同，但同样具有破坏性。这些信息将母亲和家人幸福的重担，不偏不倚全都压到你肩上。

这些信息听起来让人有成就感，却藏不住绝望和压抑的本质。它们通常来自过度纠缠型母亲，和那些因为自己无法胜任导致你和她角色反转的母亲。

以下是母亲告诉你的错误信息，事关你的角色定位和你对她的亏欠：

- 你的责任是让我幸福。
- 我的感受比你的重要。
- 赢得我的爱是你的工作。
- 你要照顾我。
- 你要服从我。
- 你要尊重我，意思就是你得按照我的方式做事。
- 尊敬母亲意味着你永远不应该对我发脾气。
- 你无权挑战我，也无权说我坏话，不管怎么说，是我给了你生命。
- 你无权反对。
- 即便我背弃你，你也不能有怨言。
- 你有义务维系家庭和睦，所以你不能捣乱，也不能对抗我。
- 保守家里的秘密是你的义务。

母亲让你明白自己是什么样的人，教你如何为人子女，告诉你她对你的期望，以及从她的需求来看你应该成为什么样的人。对母亲来说，教导你长大之后要对自己人生负责的这种行为不符合她的利益。她灌输给你的思想，多是在强调你对她的义务，却几乎不会提及你对自己的责任。

我们的生活模式大多和内心的信念有关，而我们内心的信念则是由上面这些罗列出来的信息浇灌而成。什么是被允许的，你能够拥有多少，你选择什么会受到惩罚，诸如此类，它们都受到内心信念的影响。回顾你勾选和补充的信息时，你会看到一个自己眼中的自己。

也许你认为成年之后就可以置身事外，并说出类似于"诚然，我妈妈说过那些话，但我知道那不是事实，而且我再也不会受那些话影响"的话。但如果你没有积极采取行动来对抗这些信息，或者仍然在痛苦的母女关系里挣扎沉浮，那么那些错误的信念就几乎还是在占据主导地位。

我最后再列举一组错误的信念，它们对女儿的误导尤为严重。

· 如果妈妈能改变，我的自我感觉会好很多。

· 如果她能意识到对我造成了多大的伤害，她就会对我好一些。

· 虽然她对我很刻薄，但我知道她是为我好。是我反应过度了。

这些假设出来的信念，会让你沉浸在渴望和憧憬的非现实生活里。它们让你变得消极被动，因为你总是在等母亲做出改变，而不是开始艰难地自我改变。

是时候放弃等待了。是时候唤醒自己的力量了。

区分谎言与真相

还有一个词可以形容那些一直左右着你生活的错误信念：谎言。现在，我希望你用正确的名字称呼它们，并感受到认识真实自我所带来的巨大满足感。

通过下面的"谎言与真相"练习，你可以积极地质疑错误的信念。这个练习将强有力地向你的显意识和潜意识传达真相。练习的用意旨在增强你的尊严、自尊和自信，我知道你将会因此有豁然开朗又放松的感觉。

"谎言与真相"练习

第一部分：

拿出一张纸，在中间画一条竖线。在左侧一列的顶部，用粗体字写下"谎言"两个字；在右侧一列的顶部，写下"真相"，同样加粗。

现在，在"谎言"这一列，写下所有你记得的母亲对你说过的关于你的谎言，把那些真正对你造成了伤害的写下来。以"你"开头把它们写下来（你可以浏览前面的错误信念清单，以确保你接下来的书写没有遗漏），然后，在每一条谎言旁边的"真相"一栏里，写上对应的真相。质疑谎言最有效的方式就是拿出证据，证明它们是错的。

为自己挺身而出吧！和母亲曾经灌输的扭曲观点相比，你的真相更有可信度。纵使你现在无法完全相信真相栏里的话，它们也将为你照亮前路，向你展示出你想成为以及正在成为什么样的人。

许多人做这个练习时，都觉得放松又享受，但也有一些女性无法反对那些已与她们相伴一生的观点。如果你中途卡壳，就假装自己是在和最亲密的朋友或者你爱的人交谈，她正把自己描述成谎言栏里的那种人。你会对她说什么呢？你又将如何反驳她这些狭隘又伤己的自我描述？假设有人对你的女儿说了类似的话，你又会做何回应？和维护自己相比，为他人辩护、发现他人的优点通常会更容易些。

我来列举一些我的当事人写的话。

谎言	真相
你是个自私的人。	我很慷慨，不吝于付出，我会为他人考虑。
你不宽容。	如果人们能承认自己的错误并进行弥补，我会原谅他们。
你太敏感了。	我的敏感和脆弱让我更加坦率，更加有爱心。

你不尊重我。	在健康的人际关系里，尊重是相互的。我尊重我的道德准则和正直。
你不孝顺。	谁有像我这样的女儿，都会觉得自豪又快乐。
让我快乐是你的任务。	我已经尽最大努力了，但你还是不满足，所以我决定放弃这份糟心的任务。
没有我你就活不下去。	走着瞧吧。
我不能没有你。	你得想办法解决。我不想再被负罪感和强加的责任钳制。
你应该优先考虑我的感受。	我以前是这样做的，但现在我有了自己的家庭，我自然要先考虑他们。
你做的事都是错的。	你这是嫉妒，受不了我过得好。
你不够优秀、无法成功。	虽然你一直在打击我，但我会成功的。
你必须照顾我。	谁规定的？
我酗酒、嗑药、抑郁都是因为你。	我不接受你的自暴自弃是因为我。你需要帮助。
你永远都是我的小女孩。	我是拥有自己生活的成年人。我选择自由，而不是被窒息。
没有人会像我这样爱你。	我巴不得这样。

填写的时候，我建议你每一列写十条。每一条真相你想写多长就写多长。

第二部分：

填完清单之后，把谎言那一边剪下来，揉成一团，选一个安全的方式处理掉。处理的时候，你要大声对自己说："现在，妈妈所说的关于我的谎言都被处理掉了，我对于自身的错误信念也被丢弃了。现在，我可以重新认识真正的自己，也可以重新喜欢上自己。"

把废纸扔到住所外面的某处，别把它们倒进垃圾桶里或是倒进马桶里冲走。这些废纸蕴含巨大的负能量，你要让它们消失。找块空地埋了它们，或者把它们倒进街上的垃圾桶里，让它们从你生活的地方彻底消失。

第三部分：

现在（到了有趣的部分），我要你到派对用品商店里买一个氦气球。拿出记录真相的纸，把它裁成一小段一小段，每一段都有几个真相，然后把纸条绑在气球的绳子上。接下来，带着气球去让你感觉舒适的地方，沙滩、湖边、美丽的公园或者附近的山坡，只要是让你平静、放松、快乐的户外都可以。全神贯注地感受每一种感官细节：温暖或寒冷的空气，周围环境的气味、色彩和构造，然后拿起你的气球，默想真正的自己，将它放飞。你要知道的是，

前来寻求我帮助的其他女性也会放飞这样的气球，它们都
承载着真实的自我，而你的气球将成为其中一员。看着它
缓缓上升，感受你的精神和力量在内心升腾。

　　真正的你，比别人口中的更优秀、更聪明，也更勇敢。
你可以将所有的这些优点，带入到接下来的恢复练习中。

第八章

承认自己的痛苦

——

"把一切都说出来的感觉真好。"

　　之前，我们审视了一些潜藏的信念，正是它们致使你在与母亲的相处过程中出现破坏性的行为模式。由这些信念所催生出的情绪暗流会将你卷入自暴自弃的旋涡中，现在，是时候对它们做一番分析了。

　　这项工作需要极大的勇气，你需要进入或许潜藏着毕生痛苦、失望、恐惧和愤怒的内心深处。勇敢地承认它们的存在、让你的显意识正视它们，就可以消耗掉它们对你的控制力，你可以因此获得自由，并让生活焕发新彩。

　　在本章，我会敞开办公室的大门，让你看看我如何引导心理受创的女性渡过这个难关。这个过程可能会引发非常强烈的情感，因此，如果你决定自己尝试本章的练习项目，我建议你事先找到一个强有力的支持系统，那就是你信任的、能让你平静、能安慰你并鼓励你的人。若在阅读过程中，你觉得自己快要被涌现的情感压垮，就停下来稍作休息。深呼吸，喝点水，到外面走一走。按照你的节奏来，不用急。

正如我所说的，进行到这一步时你会发现心理咨询相当有用。优秀治疗师的办公室是能让人安心的环境，在那里你可以根据需要，自由地深入了解内心的情感，并让自己由内而外发生变化。

真相时刻

我发现在所有用过的方法中，要想直切与爱无能母亲之间的关系的核心，最直接最有效的莫过于写信。女儿们可以通过一封封的信，完整地叙述自己的经历，袒露自己的真实情感，而不必担心会被批评、被反驳、被打断。初次谈话之后，我会让她们给母亲写一封信，这第一封信不需要寄出，而是在下一次见面的时候读给我听。和信任的人分享你的信非常重要，这不仅可以减轻情感负担，还可以证明大声说出心里话的力量，即便这两样都不是容易做到的事。

我的很多当事人对过去做了认真的回想，然后确信那些过往多少对她们造成了影响。然而，她们写的信通常都能带来新的认知。这样的信私人意味浓重，我让她们尽量手写，这样就可以感受亲笔书写自己心情的过程。许多当事人都使用电脑，但我认为用纸笔书写更容易发掘内心，将真相从指尖，经由手臂传达到心里。

我给信专门设计了格式，以便写信的女儿们更容易了解到自己消极经历的核心所在，以及延续至今的困扰。

信分为四部分：

① 这就是你对我的所作所为。

② 这就是我当时的感觉。

③ 这就是它对我人生的影响。

④ 这就是我现在希望从你那里得到的。

我会对每个部分分开详述，并摘录部分当事人会谈时读给我的信，以让你更好地了解在这个看似简单的练习中会出现的各种回忆、信念和情感的范围。

第一部分：这就是你对我的所作所为

我的当事人艾米丽始终难以摆脱被排斥的感觉，因为她有一位冷酷、疏远子女的母亲。初听闻这个练习，她很是恐惧，但她答应我会尝试，因为她急切地想弄清楚为什么总是会找像男友乔希这一类对她日益冷淡的男人（艾米丽和我的早期会谈详见"对孩子疏于照顾，背弃并殴打孩子的母亲"章节）。

艾米丽："我不知道该说什么。一方面，我觉得那是很早之前的事了，没必要再提；另一方面，我又觉得把一切都讲出来，能一劳永逸也挺好。"

我鼓励她径直去做。"你要记住，一旦坐下来开始写信，就是专属于你的时刻。"我对她说，"在这个时刻，你可以把发生的事、过往的经历、你的情感和想法，以及长久以来一直在你脑海里徘徊的一切都说出来，然后处理它们。你会发现，自责、内疚和羞愧这三个恶魔见光之后，力量就会被削弱。"

治疗从写下"这就是你对我的所作所为"这句话开始。这个陈述直截了当，不委婉也没有礼貌。事实上，我知道看到它可能会有种被人打了一拳的感觉。我故意在暧昧客观的"你的所作所为"中加上"对我"这两个字，这样就有了针对性，在措辞和书面陈述中承认这种情况，对于让女性正视并接受自己的过去大有帮助。

"你妈妈的行为伤害了你，"我对艾米丽说，"尽管说出来，从'这就是你对我的所作所为'这个大胆直接的控诉开始。说出你的遭遇，不要轻描淡写。我不在乎是否形象生动，只要你把它们都写下来。她的行为伤害到你了吗？是怎样伤害你的？她是怎样贬低你的？和她生活在一起，你的童年是怎样的？你怕她吗？她让你承受了哪些负担、秘密和羞耻？你需要战胜因为非议妈妈而产生的负罪和不忠感，我知道你想让生活变得更好的渴望远胜过内心的恐惧。那些极其关键和有危害的事情可能在你眼里都是小事，因为它们都被你积压在心里，所以，把那些'小事'也写下来。把它们写在纸上，你就可以重新认识它们。"

艾米丽瞪大双眼，但还是点了点头，说她会试试。

我知道对童年遭遇过暴力对待的女性来说，界定母亲的行为是否伤人会相对容易一些，我想再一次提醒你注意的是，如果你遭受过虐待，在没有心理治疗师帮助的情况下，绝对不要自己面对那些回忆。和相对温和的无爱行为相比，虐待和欺凌更容易指认和描写。但是，缺失母爱所产生的痛苦和影响是同样强烈的，无论它是否涉及控制、批评、势要压倒对方的自恋、情感上的遗弃或是被迫去照顾母亲。

"这就是你对我的所作所为"的真实案例

艾米丽在信中描绘了一幅生动的画面：

"妈妈，你实在太严苛了，毫无慈爱可言。你从不让我牵你的手，也从不对我说你爱我。你曾对我说，生下我完全是因为发现自己怀孕的时候，堕胎是违法的。你对我的好只是做做样子。你从不过问我的想法，不问我好不好，也不问我对什么感兴趣……我永远无法变成你希望的样子。你以前问我：'要是醒过来发现我不在身边，你会怎么做？'我知道你想我说：'我会受不了的，没有你我就活不下去。'但当时我只是一个需要妈妈照顾的惶恐的小女孩，我能想到的只有，'那谁喂我吃饭？谁送我去学校？'然后，这被你当成我只考虑自己，不值得你爱的证据。

"长大一点后，你从不鼓励我去做我想做的事，如果我没考到想要的成绩，或者没交到理想的男朋友，你都会说是我的错，是我做错了。"

读到这里，艾米丽停了下来。

艾米丽："苏珊，我现在这样是不是很幼稚？能把这些话都说出来，感觉实在太好了，不过我知道不应该再纠结过去了。"

我对她强调，要如实地把过去感受到并延续到现在的痛苦传达出来，这很关键。"不要担心此时会沉溺于自怨自怜，"我告诉她，"你不只是在可怜自己。是时候允许自己为错过的一切感到难过了"。

女性普遍发现，写信可以让她们找回被自己推拒的记忆。就比如我的当事人萨曼莎——她有一个虐待控制型母亲，信的第一部分帮助她回想起很多事情。萨曼莎是一名医药销售代表，工作中不断喷发的愤怒让她觉得很棘手（她和我的早期会谈详见"控制型母亲"一章），随着写信的进行，她头一次意识到，母亲不仅仅是控制狂，还会对她进行虐待。

摘自萨曼莎的信："妈妈，在我还稚嫩柔弱的时候你对我造成的伤害实在太深，以至于我已经忘记了许多。我只记得有一次我们度假的时候，被你没来由地扇了一记耳光。我猜是因为你不喜欢我当时吃意大利面的样子。现在我想起了，另一次被打之后，我嘴里喷溅而出的鲜血。我想我可能还掉了一颗牙，事实上那是一颗乳牙，也是我当时仍然年幼的证明。"

当女儿们写信的时候，如果回想起上述的记忆，我会建议她们停下来寻求帮助。这很常见。写信在某种程度上非常有用，因为它能触及那些由于过于痛苦，而不会被留存在显意识里的回忆，它们被深藏在了潜意识中。在写信的过程中，记忆储藏室的大门可能会被打开，你会瞥见被长久掩蔽的门后的真貌。

也许，强烈的愤怒就是其中之一。

摘自萨曼莎的信："我还记得初中时，因为你不让我去参加中学篮球锦标赛，我坐在房间里对你满怀怨恨。该死的！根本就没有任何不让我去的合理理由。"

第二部分：这就是我当时的感觉

看到年幼的自己被这样对待，女儿们不可避免会涌现出强烈的情绪。所以，信的第二部分，就是让她们回想，在还是小女孩或少女的时候，当母亲的行为表明她不愿意或者无法爱孩子的时候，她们内心的感受。

感觉是心灵的语言，而不是思想的语言，它通常可以用简单几个字来概括。我感到：悲伤、狂怒、孤独、恐惧、惭愧、无能、愚蠢、被挖苦、不被爱、惊恐、生气、沉重、疲惫、被束缚、受欺凌、被控制、被无视、消沉或被贬低。我从未感到：有价值、聪明、安全、无忧无虑、快乐、被重视、被爱、被珍视或被尊重。

思想和感觉之间的差别也许看起来很明显，但我仍要强调，因为很多人都习惯通过无意识的推理将感觉从自身剥离。比如当"我感觉"变成"我觉得"，"觉得"这个词会让你代入自己的思想和信念，而远离自己的感觉。

感觉："我感觉不到被人爱。"
思想："我觉得你不在乎我。"

感觉："8 岁的时候，你就让我包揽了做饭、照顾兄弟姐妹的活儿，我感觉不堪重负、不知所措并满怀愤恨。"
思想："当你让我包揽家务时……我觉得你一定是认为我能够应付这些活儿，但我觉得这对一个小女孩来说负担太重了。"

"这就是我当时的感觉" 的真实案例

对大多数的女儿而言，当母亲对她们的所作所为重新浮现在眼前时，她们会产生一连串的感觉，信的这部分可以帮助她们让这些感觉多停留一会儿，而不是把它们推得远远的。女儿们常会发现，在写信的时候，她们会描述自己的思想而非感觉，这没关系。但最终目标还是要回想自己的感觉，就像下面艾米丽和萨曼莎所做的一样。我提醒艾米丽："如果你发现自己一直在'我觉得'徘徊，就回去看第一部分的那些叙述，然后问自己当时做何感想？"

摘自艾米丽的信："我感到很孤独。我的心总是很痛。我感到无助，觉得自己不招人喜欢、不被人需要、不被人理解，我感到愤怒。我感觉自己就是负担，根本就不该来到这个世界，这让我感到特别难过、特别内疚、无依无靠。你一直是我痛苦的来源。我一直能感觉到你恨我，恨我的存在。我感受不到任何爱意。我恨透了这种感觉。"

萨曼莎写道："很小的时候开始，我就被无助、不知所措和困惑所包围，我真的怕极了，真的。我感到很孤独。你对我的所作所为，越长大我就越感到愤怒和羞耻。当那些不知道你暴虐一面的人告诉我说你是一个好人，说你既风趣又迷人时，我尤为暴怒。我恨他们这样称赞你，因为有你的家，阴郁压抑又可怕。我感觉自己是个失败者。我还感觉自己任何时候都得保持低调，假装表现得好。我感到孤立无援。我无法向任何人敞开心扉。"

我告诉我的当事人，写信的时候不需要自我审查，也
不需要代入完美主义。写这封信不是为了参加作文比赛，
重点是在于发掘和表达真实的情感。你回忆起的所有感觉
都是切实的，都是重要的，都值得去探寻，有些情感还会
出乎意料的强烈。我对她们说，如果开始感到不堪重负，
就没必要继续前进。不必操之过急，重要的是尽可能诚实
地去面对。对于长期占据主导地位的情感的恶魔，察觉到
它们的存在，正确认识它们并勇敢面对，可以削弱它们的
力量。逐句书写这封信时，你会感觉到身上的枷锁在逐渐
解除。

第三部分：这就是它对我人生的影响

这大概是信里最重要的部分。女儿们小时候的经历与
日后所做选择之间的关联，是本部分的关注重点。本书中
介绍的女性，大多都会无意识地重现许多她们儿时的遭遇，
而这恰恰是本节将要突出的内容。当我在思考儿时的伤害
和成年后的艰辛之间的联系时，我想象了一根又粗又长的
绳子，它把女儿们和过去绑在一起，让她们无法获得充分
的爱、自信、信任以及快乐，而这些本应是她们生来就该
享有的。但是通过努力和觉悟，她们可以弱化这种联系。
每完成这封信的一部分，就可以切断这根绳索上的一股线。

这一部分需要思考和时间。我给出的建议如下：

描述你从母亲那里获取的消极的，甚至是有害的信息，以及它们如何影响着你的私生活、工作和人生。和母亲相处的经历对你的自我定位有何启示？它对你的价值观和人格尊严产生了哪些影响？你学会信任谁了吗？你学会爱了吗？想一想你平时那些自暴自弃的行为，它们和母亲灌输给你的信息有何关联。这样，你将可以在过去和现在之间建立起重要的联系。

"这就是它对我人生的影响"的真实案例

我的很多当事人都担心她们的信太长，读信就会占用会谈的大部分时间。可实际上，读完一封十页的单倍行距的信只需要五分多钟。消除了最初的疑虑后，艾米丽发现自己一开始写信就停不下笔。她和心中那个被母亲无视痛苦的小女孩，都需要倾诉。艾米丽写给母亲的信有九页，"对我人生的影响"这部分就占了将近一半。以下是信的摘录：

"我一直生活在边缘地带，那感觉就像一个女孩在游乐场边上窥视，但从不觉得自己也可以进去玩耍——她感到迷茫，被孤立，很寂寞。没有人会为她说话——没有人站在她这一边。

"我渴望身体上的接触，需要别人需要我。我陷入不健康的关系，同时又恨自己为什么要那么做。在感情中，我总是把性误认为是爱，而且我吸引的那些软弱的男人、情绪化的男孩，他们都拒绝长大。他们自尊心很低，也没有抱负，我总认为我可以改变他们……

"我一直在想：'其他人想要什么？他们都在想什么？我应该做什么或者说什么才能确保他们高兴？'我把自己的需求排在别人的后面，这让我心力交瘁……我感觉自己好像不知道怎么做一个成年人。我没有基本原则，没有行为榜样，不知道应该怎样设定界限。我很怕会被别人看清是一个心理不正常的人，因为抚养我长大成人的就是这么一个冷酷又不正常的人。"

在信的这一部分，我们要推翻"小时候与妈妈有关的苦难已经过去了"这样的观点，以及劝你"只管开始自己的生活"的建议。艾米丽她们通常会惊讶地发现，在自己的描述里，几乎未提及由被灌输的信念所催生的问题，或是它如何刺激她们在长大之后仍被迫重现童年的不愉快。人物和场景在变化，可大脑却好像一直在重复一支节奏混乱的曲子，还带动着一段舞步错乱的舞蹈在循环不变。小时候，她们努力过却没能从爱无能的母亲那里得到爱，长大以后，当她们拼命地想证明自己值得别人亲近、尊重和喜爱时，就会重复进行这些徒劳的尝试。

在书写中，不同的人进入这一模式的不同方式也清楚地显露出来。

这是萨曼莎信里的一段话："你经常朝我大吼大叫，以至于我总是不敢说出自己的想法，也不敢向别人提要求。我觉得自己没有权利那么做。我卑微地寻求别人的认可。我总是过分在意。我总是不停地想问题，无法活在当下，也无法享受当下。我的生活变得呆板无趣，就像你的一样……

"我很难无视你的要求，每当我自己做决定或做你不允许的事情时，心里就会愧疚。我很生气，气我自己没有早点对你说别管我。感觉像有根无形的绳子把我们绑在一起，让我没办法开展自己的生活。"

我给在本部分卡壳的当事人以下建议：把从母亲那里延伸到你这里的，缠住你，无论你多用力都没法挣脱的藤蔓都找出来。这不是一件容易的事，当你把自己的过往都倾倒出来，看着它们堆叠成一座小山，你难免会心生怯意。记住，没必要再次经历你所描述的过去。我们现在做的是回顾过去、牢记过去。

第四部分：这就是我现在希望从你那里得到的

信的前三部分已经清晰生动地描述了母亲对女儿的无爱行为，以及由此导致的持久伤害。这三部分内容记录着母亲所产生的巨大而持续的影响，也细数了她在女儿的生活中所拥有的权力。

"这就是我现在希望从你那里得到的"，这句话使权力的平衡发生了变化。通过这句声明，女儿们进入能够塑造自己生活的成年人角色。成年的女儿们不再无助，也不再需要依靠母亲，勇敢说出希望从对自己造成过莫大伤害的人那里得到什么，就是赋权的开始。

很多女儿还没确切想好希望母亲做什么，也没想好要怎样——甚至是否——继续发展与母亲的关系。在这个阶段，这并不是问题。这只是第一步，我们有足够的时间进行选择，进而明确自己的决定。没有什么是一成不变的，女儿有权利改变自己的主意。

这部分我给出的建议很简单：从现在出发，体验以坦然直接的方式说出你的想法。我知道这可能听着很吓人，我也知道很多女儿甚至可能从未允许自己去考虑改变母女关系，因为她们觉得自己没有权利这么做。但现在，打破现状的时刻到了。

我要提醒的是，女儿们有权决定自己想要什么，无论母亲灌输了什么思想，也无须在意亲戚朋友劝诫你"要尊重你妈妈"。我告诉当事人们，不要设限，一切皆有可能，然后让她们回答这个问题：你最想从母亲那里得到什么？刚开始不需要拟定计划或策略，首先要做的是找到一个期望，一个会改变和发展的期望。你渴望什么？我问她们，最终让你感到自由的是什么？

可能是一个道歉，也可能什么都不要。可能你想让母亲不再干涉你的生活，可能你希望她从你的生活中消失。

我告诉我的当事人们，选择权在你。

"这就是我现在希望从你那里得到的" 的真实案例

进行到这部分时，很多人一开始有过挣扎，但最后都能大致写出一个请求、一份渴望或一个要求。以下是部分节选：

写给令人窒息的过度纠缠型的母亲："现在我想从你这里得到的是，由我来决定我们的谈话内容和见面时间。说白了就是，我要像正常的成年人那样生活，不然我们就断绝关系。尽管这样做让人伤心，尽管很难做到。"

写给好胜的自恋型母亲："这么多年来，我一直以为自己想要的是你的肯定、你的改变，还有健康的母女关系。但不可思议的是，现在我对你一无所求。我只想自己一个人待着。我喜欢现在的自己，我正在接受心理治疗，也因此再次感到踏实、完满，再次感受到爱和值得被爱。我的生活里已经没有你的位置。我也在修复和兄弟姐妹们的关系，我知道，如果让你回来，你肯定会再一次破坏我们的关系。我希望你我之间不是这样的——我也曾努力过。除非你能积极修补我们之间的关系，否则我会接受现实。我已经不再幻想能有亲密无间、爱意满满的家庭和母亲，现在我会先好好地爱自己、关心自己，然后才是其他人。"

写给冷漠寡言的母亲："我现在想从你这里得到什么？

没什么。我什么都不想要。"

写给酗酒的母亲："比起别的，我现在最想从你那里得到的是：**让我过自己的生活**。别管我。去交些朋友，或者找些爱好，随便你想做什么。就待在自己房间里一直抑郁吧。你愿意的话，尽管喝个昏天暗地。我不在乎。只要你别给我打电话，也别来找我。三十八年来，我试过所有能想到的办法，在过好自己生活的同时和你保持联系，但无一奏效。你仍然继续喝酒、继续骂人。你根本控制不住自己。所以，远离我，让我过自己想要的生活。从我心里消失，从我脑海里消失，你想怎么过就怎么过。"

写给苛刻的控制型母亲："妈妈，我想让你承认你令一个无助的小孩惊恐不安，你对我的心灵造成了难以抚平的巨大伤害。我真希望你能有勇气为自己所做的一切道歉，并承认自己是个懦夫。我想让你看看，我现在很坚强、很成功，我要让你明白，尽管你让我饱受磨难，我仍能靠自己走到今天。我想让你知道，我不会再浪费心思去博取你的认可。我会按照自己的方式做事，无论你喜欢与否。"

我提醒我的当事人们注意用语，那些征求同意或认可的语句会削弱她们的力量。注意上面的女性在给酗酒的母亲写信时，写了希望她"让我过自己的生活"这句话。这话听起来似乎没有大碍，我们每天都会说这样的话，但是我告诉她，"让我"这两个字，给了母亲监管你生活的权利。

这句话可以换一种更好的方式来表达："我要按照自己的方式生活……不需要得到你的许可。"这个小小的变换，会带来巨大的差别。

信件表达的力量

写这样的一封信，可以让过去的记忆和感受浮出水面，并让女儿们审视它们。这本身就是一个治愈的过程。但写信只完成了治愈工作的一半，另外的一半是要把信大声读出来。读信可以将这些记忆和感受释放出来，并转换成女儿们能听到的文字形式，让她听见自己的心声和真实的自己。

同样重要的一点就是，她在和别人分享她生活的真貌，以及想要做出改变的渴望。这些话必须要由一个在倾听过程中不做任何评判、不打折扣，也不会质疑的人接收。心理治疗师显然是明智之选，深爱着你的伴侣也能担此重任。重要的是，必须选一个有同情心的人来作为听众和见证者。阅读和倾听，鼓舞推动着女儿们重新找回儿时被盗走的一切。

第九章

发掘愤怒和悲伤中的智慧

——

"我已做好准备去迎接回避已久的情感。"

当女儿给母亲写信时，过往的真相和感受一一浮现，随之而来的是强烈的情感。同样地，许多重要的顿悟也会油然而生。一些心理治疗师认为顿悟无所不能，在"啊哈"一声惊叹之后，变化和释然就会轻快地接踵而至。但不幸的是，并没有这么简单。事实上，要驱散过去的阴影，你必须要面对那些让你备觉痛苦的情感。

正视关于抚养自己长大的女人的真相时，大多数女儿都会被愤怒和悲伤所缠绕。通常，女儿们会一直感受到这两种情感中的其中一种。因为母亲的不称职，有些女性一辈子都处于悲伤之中，同时也会长期觉得非常痛苦。她们常常对我说，本该珍视和爱护自己孩子的母亲却吝于爱她们，写信的时候，只要想到这一点，她们就会感受到强烈的痛苦，无法止住自己的泪水。

　　而其他的女性，由于母亲只考虑自己，导致她们儿时遭受过不公待遇，并丧失了许多欢乐和安全感，每每想到这些，她们的心头就会涌现出强烈的愤怒，甚至是暴怒。

　　我告诉这两种女性的是，尽管看似截然不同，但愤怒和悲伤是一枚硬币的两面，它们还会相互遮掩。治愈的过程需要同等地借助这两种情绪的超凡力量。女儿若想创造以自己的需要而非母亲的需要为基础的生活，就必须要融合愤怒之火和悲伤中饱含的脆弱，让它们产生新的愈合力和力量。本章中，我将向你展示如何帮助当事人完成这个过程。

　　要全面获取这些情感，一个重要的步骤是消除爱无能母亲强加给女儿的内疚和羞愧。女儿们一直以为得不到母亲的善待是自身的原因，我会告诉你如何卸除不该由你承受的指责，以及支撑这些指责的信念。

　　如果你觉得自己足够坚强，可以独自进行这个步骤，要牢记，即使愤怒和悲伤非常强烈，也仍在你的控制中。使用即将介绍的技能和练习时，按自己的节奏来，如果觉得被动摇了就停下来。你有充分的时间来掌握这些新技能。

找到悲伤背后的愤怒

　　艾莉森来找我的原因是，她发现自己再次爱上了一个"瑕疵男"，他们总是利用她想要解救他人的心理。经过追溯，我们发现艾莉森之所以善于照顾人，是因为她生长在一个角色颠倒的家庭里，母亲抑郁，所以她不得不长年照顾全家人（你可以在"需要照顾型母亲"一章里看到我们的早期会谈）。

在写给母亲的信中，她详细地写下了她从小就被指望着撑起整个家，以及母亲对她的依赖；还在信里描述了她为了维系一切、忽视自己感受所付出的代价。读完之后，她泪流满面地对我说："想到我那么小就要做那么多事，我感到疲惫不堪，那对一个小女孩来说，真的太难以承受了。"

"我知道的，艾莉森，"等她擦干眼泪，我对她说，"有很多事让你很悲伤。"我们静静地坐了一会儿，然后我让她想一想读完信之后还有没有其他的感受。

艾莉森："没什么其他感觉。没有……就是太累、太难过了。我很想抱起小时候的我，解救她，这样她就不需要去照顾别人了。"

我："那样的话我想她应该能够得到解脱。在你的信里，她对自己不得不做的一切感到无比难过。我们再来看看你写的'这就是我当时的感觉'这部分。你在这里吐露了很多情感。"

艾莉森（看了看她写的信）："比我想得要更多……我很孤独……悲伤……有时，我真的很厌恶她甚至恨她，然后又觉得自己不该那样。当我不得不放弃其他活动，待在家里做家务时，我非常非常愤怒。"

我总是会惊讶于女儿们在信的这一部分能如此清晰地描述自己当时的感受，以及由此带出的许多压抑的情感。这些信，往往是成年的女儿内心世界的一幅地图。

"我想那些情感中有许多可能还压在你心里，"我对她说，"它们不会凭空消失。你可以重新探寻这些情感，发泄一番，进而释放很多能量。"

我问她，如果她允许自己发怒会怎么样，她的回答是我听过很多次的话。

艾莉森："我不知道……可能我真的会失控。我可能会变得面目可憎，然后丢尽尊严。我不知道一旦开了头之后是不是能冷静下来——可能就会这样一直愤怒到老。我会满腹牢骚——没有人会喜欢生气的女人。"

许多女性认为愤怒是一种危险且不可控制的力量，这种想法是错误的。和汽车仪表盘上的红色警示灯一样，实际上它是提示错误的强烈信号，它意味着有些事情需要改变。当你被侮辱被利用，当你的需求没有被满足，当你的权利和尊严被践踏，它就会出现。健康的回应是立即踩刹车，然后思考："发生了什么？哪里有问题？要做什么改变？"

但是像艾莉森这样的女性，往往习惯于假装自己的愤怒不存在，从情感上来说，这就等同于用胶带贴住警示灯，这样就不必因看到警示灯亮起而不适了。我们情感的认知被忽视，于是我们生命的重要部分——通常是底线和自尊——会被破坏。如果你像艾莉森一样积压愤怒，那你可能非常熟悉以下这些结果：

• 你的需求持续得不到满足，你的权利和自尊一直被忽视。

• 你的愤怒可能会内化成身体症状或抑郁。

• 你可能会用食物、药物、性或酒精对愤怒进行"自我治疗"。

• 你可能屈服于现状，愤怒演化成了激烈的性格，你变成了在家里和工作上都承受痛苦的满怀愤恨的殉道者。

对艾莉森来说，是时候挑战她对强烈情感的恐惧，并将她害怕面对的愤怒从她脑海里、身体里赶走了，这样它才能发挥预期的作用。我在她面前放了一把椅子，让她想象母亲就坐在这把椅子上。

我："闭上眼睛，想象你妈妈最无助、最苛刻、最固执的样子。召唤出你在信中描述的那个伤害你、不爱你的女人。你很安全，没问题的。发泄出你的愤怒，而不是推开它。

"就用'你怎么可以'这种句子开头，紧接着说出她如何扭曲你的童年。那个无助的小孩、挫败的成年人，让她们全都发出声音。把一切都说出来。"

艾莉森（试探性地）："你怎么可以让那么小的孩子照顾整个家？

"你怎么可以心安理得地让一个小孩做饭、打扫、照看弟弟妹妹并为你放弃她的童年！"

她的声音开始有底气。我夸赞她做得很好，并鼓励她继续。

艾莉森："你怎么可以把我卷进你和爸爸那令人厌烦又扭曲的纠葛里！你怎么可以让我当你的顾问！我总是不得不去当调解的人，然后一旦你和他和好，就把我弃之不顾！"

现在她越说越大声："你怎么可以夺走我的快乐！你怎么可以要求我一定要让你幸福，即使我知道这是不可能的事！你怎么可以因为我没改善你的生活就让我觉得自己是个失败者！这根本不是我的责任！本该是你帮助我。你怎么可以让我成为专门取悦那些不能自理的男人的人！你怎么可以这样！"

她停了下来，看上去有些呆了，我问她感觉如何。

艾莉森："感到宽慰多了。事实上我感觉自己变坚强了。"

艾莉森的愤怒让她思绪清晰、信念坚定。当她让愤怒成为自己的一部分时，我看得出，她每说一句"你怎么可以"，力量就越强。现在，她用愤怒来表达多年来受到的伤害和挫折，最后，她勇敢地面对自己的愤怒，而不是推开它或回避它。

"保持那种感觉。"我告诉她，"所有的愤怒都带着能量，把它们释放出来时，你就更能确定什么对你有害，什么是你没必要继续承受的。要知道，你的发怒甚至是喊叫并不意味着世界末日。你需要去感受这种情感的热度，并通过类似的安全的发泄方式让自己轻松下来。这样做之后，你会发现，说出那些你一直压抑着的、一直想倾吐的事之后，整个人都解脱了。这种减负方法，最终能够让你感到更轻松。"

当女儿们发泄了自己的愤怒，并从中找到有价值的线索，她们就找到了进入情感导向系统重要部位的入口。

透过愤怒发现悲伤

从表面看，萨曼莎的做法似乎和艾莉森的大相径庭。她读信给我听时，我感受到她对虐待控制型母亲那种极其强烈的愤怒。信的最后一句话是"不管你喜不喜欢，我都会按照自己的方式做事"，她读的时候，几乎就是在嘶吼。

"我没法向你描述，最后和她抗争的那种感觉真的棒极了，虽然只是在信里。"读完信之后，她这样对我说，"我把自己写的那些话看了一遍又一遍，我想它们真的能够帮我一劳永逸地改变我和她之间的关系。"

我告诉她，我知道她说的是真的。说出实情之后，她会发自内心地感受到自己不再是那个无能为力的 4 岁小孩，感知到了自己的力量。"我特别注意到你在信里所描述的，儿时的自己遭受的羞耻和痛苦。"我跟她说，"这些感受去哪儿了？你觉得那个小女孩身上发生了什么？"

萨曼莎："我不知道……我猜她长大了，变成了我。"

我告诉她，长大后的萨曼莎，依然被那些没有释怀的情感层层包裹。长年累月感受到的羞耻和痛苦不会奇迹般地突然消失。受伤的孩子依然害怕被伤害，始终在女儿们内心散发着能量。我告诉萨曼莎，她在工作中的勃然大怒，以及脾气变得越来越易爆，都是明显的迹象。人们常常会用暴怒来掩饰自己的脆弱。

"我始终记着你在信里说的一句话，"我对她说，"你对妈妈说：'我感觉像有根无形的绳子把我们绑在一起，让我没办法开展自己的生活。'这根绳索就是过去的那些情感。它们会让你做出一些伤害自己的行为，而且会在你最无防备的时候不期而至。"

萨曼莎："我该怎么做呢？"

我："我们需要花些时间来抚慰你心里那个受伤的小女孩。得让她知道，她很安全，没有人会再伤害她。当她有了安全感，你也会有。我要你想象，那个小女孩就坐在你膝盖上，而你正搂着她。她很受伤，非常需要你的安慰。当你被母亲扇耳光或者欺压的时候，你希望别人对你说些什么，把这些话说给她听，从'宝贝，你遇到这么可怕的事，我很难过……'开始。"

萨曼莎："宝贝……你遇到这么可怕的事，我很难过。妈妈对你这么刻薄，我真的很难过。"

萨曼莎停了下来，看着我："这太难了……我不知道该说些什么……我觉得很不自在。"

我告诉萨曼莎这完全可以理解。她抗拒那些让她觉得无助又脆弱的情感太久了。现在，她卸下了防备，感觉更易受到伤害。我鼓励她继续，让她假想如果自己领养了一个被虐待的小女孩，会对她说些什么。我温和地给了她一个提示。

我："你是一个珍贵又可爱的女孩，你没有做错任何事。"

萨曼莎："嗯，我喜欢这句。你是一个珍贵又可爱的女孩，你没有做错任何事……我想让你知道，我会照顾你……我绝不会让任何人以任何理由刻薄地伤害你、恐吓你或者惩罚你……现在，你很安全。现在，你有一个好妈妈……你安心地做一个小女孩就好，不用再担惊受怕。"

她又停了下来，再次看向我："为什么我妈妈没有对我说过这些话，苏珊？为什么她不能这样爱我呢？天啊，苏珊，我觉得她从未爱过我。她爱我的话，就不会那样对我……那不是一个爱你的人会做的事……"

她的双眼噙满泪水。

"从你所述说的来评断，可能你是对的。"我说，"爱不会让你觉得恐惧，不会让你迷茫，也不会让你孤独。爱不会毫无理由地惩罚你，也不会因为儿时的你表现得像小孩就痛斥你。你是对的，萨曼莎，你说的那些不是爱。"

萨曼莎（泪眼蒙眬）："你说我应该安抚我的小女孩，苏珊。但是现在我不知道该说些什么……我感到彻骨的悲伤，我感觉被人彻底遗弃……我不知道是否能继续。"

我："萨曼莎，我知道你受了很深的伤。意识到妈妈并不爱你，可能是迄今为止最让你痛苦的发现之一。你本该被视若珍宝，但你妈妈却因为自己受挫拿你出气，因为她心理不健康，因为她郁郁寡欢。那不是你的错，也不是小萨曼莎的错，她是无辜的。无论你做什么都没法让妈妈爱你多一点。因为她没办法爱你。我们无法知道原因。但我们可以确定的是：这和你无关。不是你的错。萨曼莎，我要你跟着我说：'这不是我的错。'"

萨曼莎（轻声地）："这不是我的错。"

她哭了起来，我握住她的手。

"再说一遍，大声点。"我对她说。

萨曼莎（声音变大了一些）："这不是我的错。"

我："再大声一点。让我相信你。"

萨曼莎（大声喊）："这不是我的错！"

她深呼吸一口气，看着我："苏珊，这不是我的错。"

从来就不是你的错

女儿们若想重新掌握生活的主权，那驳斥"一切都是我的错"这个无处不在的谎言就是她们必须要做的事。这个信念会让她们满怀愧疚，会让她们认为自己没有被善待、母亲不爱自己都是咎由自取。它还会造成更深层次的影响，让女儿们感觉羞耻，觉得"一定是我哪里有问题，不然不会发生这种事"。

日积月累，夹杂着身体攻击、叹息、批评、指责和呼喝的错误信念被植入女儿内心，让她们认为自己应该为母亲的选择、情感和对待子女的方式买单，也正是这种错误的信念，在有害的现状中维系着不健康的母女关系。只要女儿内疚和羞愧地认为导致母亲无爱行为出现的原因是自己，她们就无法质疑，无法捍卫自己的权利，也无法完整地感受这些经历带来的愤怒和悲伤。她们继续接受那些谎言，哪怕被谎言塑造成自私、毫无道德和有缺陷的坏人，并因此无权无视母亲的要求去感受自己的真实感受、做有益于自己的事。"这都是我的错"是最大的谎言，它带出了其他更多的爱无能母亲所编织的谎言（详见我的当事人在"谎言与真相"练习中罗列出来的谎言）。

挑战最后这个巨大的谎言，直到它无法控制女儿们，直到女儿们得到在自己生命中可能缺席已久的自由、自爱和自我认同。

萨曼莎说"我妈妈没办法爱我，这不是我的错"，这句话充满了力量。重复几次，直到这些话让你信服，对我的众多当事人来说，这是迈向自由的一大步。这行动看似简单，但大声说出的真相似乎能直达内心深处。

我建议萨曼莎对她膝上的小女孩说说她无须承担的事，让治疗更进一步。"这样做，会治愈你，会让你感到宽慰，"我告诉她，"也可以极大地帮助小萨曼莎放下她背负了一生的愧疚和羞耻。"

萨曼莎："好的……宝贝，我知道妈妈一直说你不好，说你被打、被罚、被吼都是活该。她说这全是你的错，但错的是她。你是个聪明的好孩子。她扇你打你，责任并不在你。你没有做错什么事，你不该被打掉一颗牙齿。她不让你去参加篮球锦标赛是她的问题，和你没有任何关系。那些不是你本该承受的。她的残忍不是你的错。她过分在意你的学习和成绩也和你无关。你是一个聪明的小女孩，不该被当成一个懒惰又蠢笨的孩子来对待。她发狂也和你无关，那都是她自己的原因。这一切都与你无关。"

当女儿想象出小时候的自己，以及她那时被迫承受的负担和一系列非善意的对待，就能更容易接受这样一个事实：那个孩子是无辜的，长大后的她也是无辜的。母亲会做出辱骂、虐待、角色转换和令人窒息的行为都是母亲自身的原因，和孩子无关。

当萨曼莎开始洞悉并接受真相，她的内心又会涌现出诸多情感。我问萨曼莎她现在有什么感觉。

萨曼莎："觉得被骗了，觉得很气愤……但最多的是铺天盖地的悲哀。不——已经超出了悲哀。我感觉，就像有什么人去世了。"

萨曼莎又哭了，哭得很伤心。她的悲伤，让她更进一步接受了清晰了然的真相。母亲对她的那些冷漠的行为，她再也无法称之为爱。她不该为自己的痛苦遭遇负责——而应该是她的母亲。在她看来，一切发生了天翻地覆的变化。

走到这一步的每个人，都会为自己所失去的感到悲伤。如果母亲不称职，女儿们的童年多数都不完整，因为母亲不允许她们有童年。

我给萨曼莎列举了她失去的东西。

"你失去了尽情嬉闹的权利。

"你永远无法感受到一个无忧无虑的孩子的快乐。无论你是 4 岁、14 岁或者 40 岁，都没法挣脱从小就压在身上的成年人的负担。

"你从未体验过能带来内在安全感的对未来的预知、生活的稳定和悉心的养育。

"你几乎没有机会感受自由和信任。

"你渴望能证明自己的价值，而你的妈妈隐藏了这些真相：你是独一无二的，你是出色的，你的使命就是做你自己。

"大多数时候，这一认知被你隐藏起来，你只能隐约感觉到它的存在。"我告诉她，"终于，它出现在你面前，你可以让理智和情感彻底地接受它。"

因为自保和拘谨，萨曼莎不仅隔绝了和外界的交流，也阻止自己去碰触内心那些柔软和充满爱意的感情。我向她保证，在经受这些痛苦之后，她就能找到被隔绝的一切。

舍弃对好妈妈的幻想

现在，萨曼莎情绪激动，这很正常，我建议她可以做一个练习，让自己平静下来，并进入一个较好的情感状态。这个练习是一个象征性的旨在埋葬幻想的葬礼，这种幻想驱使着她和许多其他没有感受到母爱的女儿，不断地想要从母亲那里求得遥不可及的母爱。"你想试试吗？"我问她。

萨曼莎（微微一笑）："当然了，肯定不会比现在更糟。我都已经走到这里了——让我们开始吧。"

我拿出一小束干花，放在茶几上，它是专为这个练习准备的。"假装这张桌子是一口棺材。"我对她说。听到"棺材"这两个字，她瑟缩了，我再三向她保证这只是象征性的。"现在想象棺材被沉进地底。我们埋葬的是想有个好妈妈的幻想，在棺木前，我会先给悼词起个头，然后你可以加上自己想说的话。"

萨曼莎："好的。"

为了帮助她进入角色，我起了个头："我在此埋葬想要有个好妈妈的幻想。因为这对我来说，是不可能的事。过去没有，我知道将来也不会有。可这不是我的错。"

萨曼莎："我尽了一切努力想让她爱我，但都没用……"

"我再也不愿意尝试去获取她的爱，因为这是在以卵击石。"我接了一句。

萨曼莎："我再也不愿意扭曲自己的生活来取悦她。我再也不会自欺欺人地以为她给我的点滴关注是真正的爱。放弃你真的很难，但是请安息吧，我的幻想。因为，我需要继续自己的人生。"

萨曼莎坐在那里双眼紧闭，用手背擦着眼泪。我问她感觉如何。

萨曼莎："悲伤，还是很伤心。但是平静了一点，释怀了一点，坚强了一点，自我存在感也更强了。"

悼词的重点不在于内容，它只是一种方式，帮助女性舍弃对母亲会突然发生转变的热切渴望。

悼词是促进改变的有效工具，通过象征意义和象征性行为，它直接与潜意识对话并开始改变它。象征性的葬礼能有效地抹杀那些"如果"。"如果我这样做，她就会对我好。""如果我解救她，她就能幸福。""如果我足够关注她，最后她也会关注我。""如果我足够完美，她就不会再批评我。""如果我足够努力，最终她就会爱我。"

对那些一生都在拼命想要找出自己犯的错，以及能够得到母亲认可和爱的方法的女儿们来说，意识到过往苦苦追求的幻想给自己的生活造成了严重的破坏，是一个重大的转折点。萨曼莎确切感受到了这一点。

没有魔法棒，你只能适应并走出愤怒和悲伤

在适应真相的过程中，我的当事人通常会在悲伤和愤怒之间辗转。我告诉她们，当你彻底承认自己没有从母亲那里得到应得和必要的爱时，悲伤或者愤怒的出现都是合理且正常的。在这种全新认知的影响下，儿时的记忆很可能会引发悲伤之潮。过去你或许会理所当然地接受的刺激，现在很可能会引爆异常的愤怒。对女儿们来说，重要的是要接受涌现的每一种情感，并铭记抗拒是无用的，唯有处理好这些痛苦的情感才能让你获得最终的平静和坚强。

在写完信并面对不可避免会产生的情感之后，我敦促女儿们专注于学习处理这些情感的新方法。因为，现在不是和母亲冲突、针锋相对和抗争的时候。

"若能接受这些愤怒和悲伤，让它们帮助你了解更多真实的自我，并告诉你自己真正需求和渴望的是什么，效果会好很多。"我告诉萨曼莎，"你此刻的领悟，是你决定如何推进母女关系的基础，所以，在解决问题的过程中不要无视这些情感。"

处理愤怒和悲伤的方法

当女儿们努力想为母女关系寻找新出路时，我会提醒她们无须压抑自己的情感，因为有许多积极的情感释放方式。我总结了一些成功地帮助许多当事人释放强烈情感的方法和建议，下文将会一一列出。无论你在处理母女关系的哪一个阶段，只要你感到焦虑、困惑和不知所措，我认为这些方法都可以让你受益良多。

直面愤怒、管理愤怒

即使女儿们认为自己已经能够熟练地处理愤怒，她们擅长的方法也可能只是"积压和爆发"，即不断忍耐，直到忍无可忍。一些女性在被某些人、事触碰到旧伤口或过去的记忆时，会把积累的对母亲的愤怒喷发出来。讽刺的是，她们这样做损害的只是自己的人际关系和工作，对真正应该承受怒火的人——她们的母亲——却没有造成任何影响。另一些女性的未发泄出来的愤怒则会转变成身体症状。

一些女性可能以为将时常感受到的愤怒通过朝母亲咆哮的方式发泄，就是妥善处理好了这一微妙又复杂的情感。但实际上，大吼大叫和一言不发一样无用。我告诉我的当事人，吼叫会让人觉得你幼稚，会让人觉得你不可信。更糟的是，这样做根本不能改变什么，因为一旦你开始大叫，她就不会去听你说了什么，你所做的不过是再次把主动权交到她手里。

其实有更好的选择，它们能够带来更为积极的效果。以下是我给当事人们的一些建议，是我知道的最能有效管理愤怒的方法。

1. 感受愤怒，但不加评判

我知道让一些女性承认自己感觉愤怒很困难，因为这会让她们深感愧疚和不忠。但人类本就会愤怒，人人都如此，这不是缺点，是情感导向系统的重要部分。允许你自己感受它，让它引导你，试着以好奇的态度接近它。问问你自己：我的愤怒想告诉我什么？需要改变什么？

2. 承认自己有愤怒的权利

你要告诉自己：

- 我被伤得很深，我有权为此感到愤怒。
- 愤怒不会把我变成坏人。
- 因为愤怒而愧疚是正常的。
- 若我能以健康的方式处理愤怒，它就会给我力量。

3. 了解愤怒真正的样子

如果害怕愤怒让自己变得丑陋是你回避的理由之一，你可以看看电视或电影，了解里面的女性是如何以强势、克制的方式表达自己的愤怒并坚持自己的主张的。你会发现，她们脸上通常流露的是一种力量和坚定，这在各个方面都令人着迷。她们看着一点都不像泼妇，反而气度不凡。我最喜欢的电影之一是奥莉薇·德·哈佛兰饰演的经典影片《女继承人》，她在电影里扮演一个相貌平平的腼腆女孩，她总是被专横的父亲打击，还被想通过结婚骗财的未婚夫背叛。在电影里，她逐步蜕变，她承认自己愤怒的感受，接受自己所遭遇的对待，外形也发生了转变。在最后一幕，她的举止和神情清楚地表达了一点：她再也不会被人利用。

她所展现的力量是丑陋的对立面，是自我赋权带来的美丽。

4. 通过体育活动来释放愤怒

跑步、慢走、打网球、游泳、随着健身课的音乐肆意流汗。活动身体能释放内啡肽，这是一种重要的大脑化学物质，和你的幸福感有关。体育活动是驱散内心积累的愤怒的最好方法之一。

5. 想象自己待在一个更为宁和的地方

选择一个你不会被打扰的时间段，大概五到十分钟，坐在一个舒适隐秘的地方，可以是你喜欢的椅子、床头，也可以是汽车里。闭上眼睛，用鼻子深吸气，然后用嘴巴缓缓地吐气。想象你的呼吸是温暖平稳的气流在内外流动，重复做四到五次这样的缓慢深呼吸。感受气息进入你身体里紧绷的地方，然后呼气，把那些紧绷感送出体外。

现在，想象你去过的最美丽最平和的地方（对我而言，这个地方是夏威夷大岛边，被墨绿色群山环绕的一片波光粼粼的蓝色海湾）。想象自己待在这个特别的地方，让自己接受空气、阳光、清风、色彩和气味的涤荡。你会发现自己变得更平静了。在这里，你想待多久就待多久，呼吸这里的空气，吸收这里的平静。在这里，你要做的就是放松和呼吸。让你的思绪随风飘散，感受你的心跳和呼吸逐渐放慢，在这片宁静里徜徉。想离开的时候，再次环顾四周，然后睁开双眼。这个地方永远为你存在，你想什么时候回来都可以。

当愤怒的对象是自己

一旦女性对母亲感到愤怒，她可能会发现自己满腔疑问：本该爱护自己的人，怎能对自己如此不体贴，甚至是残忍？下一个紧接而至的问题往往就和她自己有关：我怎么能够忍受这么久（甚至到现在还在忍受）？

和大多数女儿一样，萨曼莎从小到大都认为，如果母亲不开心或是不亲切，那是因为自己做错了事。但现在，在我们的一次会谈中她告诉我，她发现自己在想："我怎么能让她虐待我？我怎么能让她那样控制我？为什么我不能对抗她？我怎么能让那样的事发生在自己身上？我怎么能让自己成为一个专门取悦她的奴隶？"其实，她仍在自责，只不过是换了一种模式，因为她还在问："我做错了什么？"

女儿们必须辩证地看待可能会对自身产生的指责和愤怒，这很重要。我这样告诉萨曼莎和其他当事人：

首先，你无法独立，你是无助的，你被灌输的理念就是要服从权威。母亲比你高大、比你年长、比你聪明，也比你强大，所以你只能服从于她。你没得选。否则你能怎么做？离开家去找份工作？别忘了，当时你只有7岁。

你对自己失望是正常的，这是让你正视自己没有得到善待这一过程中的必然经历。但自责是徒劳的，它解决不了任何问题，无法让你心里好受一些，更不能改善你的生活。它只会加剧你的不安。

我让我的当事人们将下面这些话，与她们应得的具有治愈效果的自我宽恕和自我关怀联结起来。我给出的建议是，每当"我怎么能让这种事发生"的想法浮现，就读这些话，重复地读，或者写下来。

• 就我当时所能掌握到的信息来说，我已经尽力了。

• 作为一个孩子，我根本没办法知道会发生什么事。

• 很早以前，我就被灌输了要听妈妈的话、要努力取悦她的理念，它扎根很深，影响很大。

• 和想要改变母女关系的动力相比，我的愧疚和对后果的恐惧更为强烈，但现在不再是这样。

• 我不是孤单一人，也有许多人和我一样，想要摆脱无爱的妈妈却未果。

• 改变对每个人来说都很艰难。

• 对我而言，很难放弃事情会变好的期望；我无法接受她几乎不可能会改变的这一事实。

• 我被剥夺了太多，以至于我没办法改变现状。

• 我原谅自己。

她们不仅没有必需的工具，去在母亲和自己之间设立明确的限制和界限，也不知道她们有权去这样做。

悲伤的真相

在写完信和直面过去的痛苦之后的一段时间里，几乎任何事都可能让女儿们悲伤——一段回忆，或者电视里播放着的她们求而未得的母亲和女儿亲昵的画面。悲伤是正常的。我告诉我的当事人，悲伤会让你意识到自己是一个敏感的人，一些情感需要你的尊重和保护。

我知道这种悲伤能有多可怕。对任何一名女性而言，承认母亲不爱自己都会带来锥心刺骨的疼痛。一些女性这样描述，有时候悲伤的感觉就像沉在深邃又暗无天日的河底，永远没法浮出水面呼吸。有的人在经历过于强烈的悲伤时，会极度恐慌。但我安抚她们，她们只是悲恸，不是发疯。她们不会粉身碎骨。眼泪可以治愈她们。

我们总认为悲伤和抑郁一样，永远不会消散。我们害怕余生都会与这种感觉相伴，于是我们可能会强颜欢笑，假装一切都好，这样就能继续生活。或者我们会弱化自己的感受，会说"我知道有人比我更惨"。我们不想沉浸在悲伤中。

但如果我们不勇敢地面对悲伤，它很可能会继续控制我们。我们要走出悲伤，不是逃跑、不是回避，也不是忽略，而是走过去。我知道，这样做需要莫大的勇气。

我希望自己能让女儿们不经历这些，或者教给她们能够快速消除悲伤的训练。然而，这种事并不存在。但我可以向她们承诺，只要她们承认内心有悲伤，只要她们感受悲伤，它就会逐渐消散。随着时间的推移，悲伤会显著减轻。

在你被悲伤压得喘不过气的时候，本章前面介绍的减轻愤怒的想象疗法，以及通过锻炼和运动释放情感的建议都能派上用场。

用情感打破恶性循环

当母女关系带来的痛苦不断攀升，每个女儿都要做一个关键的决定。她可以和自己的情感抗争，然后达成和解，再利用这些情感引导自己、厘清内心、做出真正的改变。她也可以压制这些情感，然后像她的母亲那样，用伤人、不恰当的方法帮自己逃避痛苦。

　　勇敢地接受痛苦的情感并领悟它们带来的启示，是令女儿不会变得和母亲一样的最大保障。它将带着她在获取母亲吝于给予的真正的爱的道路上前行。

第十章

改变你的行为，改变你的生活

——

"我知道改变很难，但不去改变会更艰难。"

    直面自己的情感是艰难的事，但挑战成功之后，女儿会从心底深刻、清楚地意识到儿时的那些痛苦不是她的责任。当曾控制她的愧疚、羞耻和自责被这一认知所取代，她就会越来越无法继续接受母亲那些不爱孩子的行为，以及自己自暴自弃的回应行为。

    尽管如此，在这个阶段，大多数当事人还不知道怎么做才能把内心这种巨大转变渗透到日常生活里。爱无能的母亲给女儿树立的是坏榜样，她们从未教导女儿要对自己负责，也没有教导她们作为独立女性的权利。她们很少甚至从不教女儿如何正确地维护自己，如何以健康的方式化解冲突和压力，或是面对他人的行为如何设立防范措施。

    但女儿需要这些技能来打破长久以来的既有模式，也需要新的手段帮助自己成为本该成为的人。

　　在本章，我将向你展示一种全新的生活方式的纲要，我会教你一套行为策略和交流技巧，它们曾帮助我的当事人们改变了她们的母女关系，即便当时她们还在按照前两章的指导，在进行那些艰难的内心情感探索。

　　我们每个人都有必要掌握可以增强自信的自保行为。这是保护自己免受虐待的最有效的方法，而且好消息是，不管你是否在接受治疗，也不管你对内心世界做了多少有意义的探索，你都可以自己练习它。这一章主要讲的是行为、策略和技巧。我们认为，行为是涉及不断变化的情感和信念的成长过程的最终产物，但当你看到这些新的行为能极大地改变你的内心世界和残余的消极信念时，我相信你会无比讶异。你在这里学到的方法，将帮助你让自己的生活改头换面。

成年女儿的责任和权利

　　一旦摆脱要对母亲的快乐和幸福负责的信念，未知的空虚可能就会悄然而至。或许从小时候开始，你的人生定位就受母亲的影响，所以哪怕现在你尽量避免和母亲接触，优先考虑（或抵触）她的要求仍可能凌驾于你正常的利己本能和人生决策上。因此，当你想为自己做规划时，有点不知该从何下手。

　　你可以从一套新的信念开始，它们能够取代"我要对妈妈负责"，并能引导你做出顾全自己又尊重他人的决定。

这才是你真正的责任，我相信你已经做好充分的准备来承担这些责任。

作为一个成年的女儿，你有责任：

· 肯定自我价值。

· 过自己想要的生活。

· 承认并改变自己苛刻或伤人的行为。

· 找到自己身为成年人的力量。

· 改变复制了爱无能母亲所灌输的理念的行为。

你要控制这些行为，并对它们负责。一开始，你也许不能完全理解履行这些责任的含义，也不知道该怎么去做。这都不是问题。这是你的行为目标，是地图上的新目的地。在母亲统治的世界里，"过自己想要的生活"和"有自己的想法、情感和行为"往往都是会遭到惩罚的过错，现在，你正在从这个世界离开。你必须做一些内外的调整，以适应预备施行的重大变化。重要的第一步，就是思考这些责任，参透它们，所以，我们得在这里花一些时间。

承担自身真正的责任的同时，你也做好了拥有身为一名强大女性和女儿本应享有的基本权利的准备。在上个独立纪念日，我列了以下一份列表。联想到这个节日，以及它所庆祝的那些鼓舞人心、脱离暴政的英勇事迹，我突然意识到，许多生活在爱无能母亲那些高压甚至是暴虐控制下的女性，一生都不知道她们有权保护自己、追回自由。

为了她们，也为了你，我起草了这份权利宣言。如果你能消化它遵守它，你就能成功地撤回让他人恶意待你的许可。

成年女儿的权利宣言：

① 你有权受人尊重。

② 你有权不对其他人的问题或不良行为负责。

③ 你有权生气。

④ 你有权拒绝。

⑤ 你有权犯错。

⑥ 你有权拥有自己的感受、意见和信念。

⑦ 你有权改变自己的想法，或决定有不同的行为。

⑧ 你有权协商做出改变。

⑨ 你有权寻求情感支持或帮助。

⑩ 你有权抗议不公的待遇或批评。

作为成年人，你本该拥有这些权利，但经过多年的理念灌输，你可能会禁止自己遵从权利行事。很可能从小时候起，你就完全被反向引导，会因为不够完美而受罚。现在，你也许觉得这些权利听上去很棒，但当想象自己行使它们时，你会感觉不适，甚至会焦虑。大概是因为母亲在驾驶座上待的时间太长，以至于哪怕你已长大成人，也依然觉得自己还是那个踩不到踏板、看不到仪表盘的小女孩。

你远比自己所想的更坚强、更勇敢，也更强大，在你学会并实践"非防御性沟通"这一基本生活技能后，你将会不断地见证这一点。这个技能可以帮助你极大地改善自己与他人交流和处理冲突的方式，或许也能让你生平第一次行使自己的权利，履行对自己的责任。

非防御性沟通

可能直至今日，母亲仍然通过哄骗、批评、威胁、哭闹、叹息和试图让你产生负罪感（或自卑感）的方式向你施压以达成所愿，或是通过说"不准顶嘴"、威胁你后果自负来摆平和你的意见相左。你们的交互模式大致是可以预测的。她是进攻方，有时是悄然进攻，而你被迫防守。

"我进攻你防守"的模式对母亲非常有利，因为它能够巩固她占上风的优势。几乎可以肯定的是，你成了一个解释专家，你否认自己做错了事，为自己辩解，找借口，找理由，然后再道歉。但你很可能没有意识到，每当你做出这些熟悉的回应时，你认为是在保护自己，但事实是你在被迫进行防守——这两者有天差地别的不同。保护是为了免受伤害，但防守意味着示弱，传达出的是回避挑战或批评。它从未将你置于平等的位置。

下面是防守时常用的一些话：

- 我不是。
- 我没有。
- 你怎么能这样说我？
- 为什么你总是……？

- 你为什么不能适当地改变呢？
- 真是疯了。
- 我从没这样说过 / 做过。
- 我这么做只是因为……
- 我不是故意的。
- 我只是想……
- 但是你答应过……

你为了防守所说的每一个字，都透着焦虑、担心、恐惧和诸多脆弱。

防御性的语言是你的敌人。你的每一次防守，都是在给母亲提供一个突破口，表示你愿意陷入无休止无助益的控辩。不经意间，你自己退守到角落，邀请她对你施加压力。在防守的时候，你看起来很弱，你觉得自己很弱，事实也确是如此。

但你可以打破这个循环，只要改变措辞，就能轻易做到，就像施了魔法一样。

莎朗：勇敢对抗恶言相向

莎朗有工商管理硕士学位，却在当导医。最近她和极度苛刻的自恋型母亲发生冲突，导致恐慌症突然发作，于是她来找我（你可以在"严重自恋型母亲"一章找到我们早期的会谈）。写信的确帮助了她开始积极地看待自己，但没能让她以平静的方式和母亲交流。

　　莎朗："又重蹈覆辙了，苏珊。那天是莫娜阿姨的生日，所以我和阿姨、妈妈三个人一起吃午饭。我爱莫娜，因为我们已经有一段时间没见面了，所以就在聊天。她问我在做什么，我还没来得及说话，妈妈就插了进来。'这真是悲剧，'妈妈说，'她在医生的办公室工作，她在当导医。'她说话的那种口吻，就像我是在做清洁工那样的工作。她接着说：'所有的书都白念了。'然后又露出悲惨的笑容，说：'她就是我一个小小的败笔。'"

　　我问莎朗是怎么回答的。

　　莎朗："你肯定会为我骄傲的，苏珊。我为自己辩护了。'我不是失败者，'我对她说，'我为自己感到骄傲！我喜欢我的工作，那里的人都很好，我在那里很开心。为什么这让你不高兴？我并不想要压力大的工作。为什么你总是要羞辱我？'她沉默了一会儿，但她当然会强辩到底。'好吧，亲爱的，'她说，'我知道你对这件事很敏感。但你得改一改。你总不能让我一直待在身边保护你吧。'说得好像她这样做过似的。我火冒三丈。幸好莫娜阿姨转移了话题，妈妈也没有再提这茬。"

我问她对于这些交流有什么感觉。

莎朗："老实说，不太好……我本以为为自己辩护之后，感觉会很好。当时确实感觉很好，但事后，我还是感到糟透了。而且，我完全不懂到底哪里出了问题。"

我向莎朗解释，母亲那句带着蔑视和侮辱意味的评价（"她就是我一个小小的败笔"）让她想起了那句让人备觉痛苦的老话——你不够好。几乎是顷刻之间，过往那些熟悉的辱骂又重新在莎朗的脑海里回荡。她萌生的第一个冲动是保护自己，以及免受进一步伤害。

"问题是，"我对她说，"你用来保护自己的策略没有改善事态，反而让它变得更糟。这似乎是正常的反应，但实际上每次你努力为自己的行为辩解，或者问诸如'为什么你总要羞辱我？'这样的问题时，你是在给妈妈提供弹药。即使你朝她回吼，你也必定会觉得自己很渺小，会感到羞愧，会觉得自己很弱。"

我解释给她听，只要她防守，母亲就能控制对话和走向。莎朗的防御性回应给自己带来的是更多的批评和打击。当她觉得打击越来越多、挫败感越来越重时，很容易就会恢复一些无用的行为。"我知道你没有孩子，但我肯定你见过小孩打架。"我对她说，"一个孩子说'你骗我'，另一个会说'我没有'。然后，他们会不断地重复这种状态：一个说'我没有'，一个说'你有'，'我没有''你有'……就像打乒乓球一样不断来回。如果你和妈妈的状态跟这一样，那就很容易让人感觉你只有 5 岁。"

我建议我们做一些角色扮演，这是我使用多年的治疗技巧。角色扮演可以有效地示范新行为，并直指问题的核心。

我："你扮演你的妈妈，我扮演你，我会向你示范一些比你之前所做的更好的反应。这很容易学，它能够阻止批评你的人——至少是暂时阻止——然后给你重新组织语言的时间。开始吧，挑一个妈妈最常对你做的批评。我希望你能尽量模仿得像一些。"

莎朗（扮演母亲）："我真的无法理解，你怎么能扔掉自己的 MBA 学位，就只接接电话、整理文件？不过你向来不听我的话。如果你听我的话，就不会是现在这个让人失望的样子。"

我（扮演莎朗）："我就知道你会这样想。"

莎朗（停顿了很久）："真的吗？就这样？苏珊，我都不知道该说什么了。"

我："没错。你妈妈也不知道。当你不再防守，她就没法掌控一切。我们再来试试。"

莎朗（扮演母亲）："我不想说这句话，但你真的让我们很失望。我想你永远都是我一个小小的败笔。"

我（扮演莎朗）："我不认可你这样看待我。"

莎朗："这就是我要说的？实在太……令人意外了。我不应该再多说些什么吗？"

我："不，就这些。一个简单的声明就够了。不要多话，不要润色，也不要觉得你应该继续对话。一开始可能你会觉得尴尬，但次数多了你就会习惯了。"

我给莎朗列出以下非防御性的回答，让她记下来，然后和一个朋友练习。练习的时候，回想你母亲最常用的批评和用来向你施加压力的话，然后选择对应的回答。自己练习，直到你适应并让它们成为下意识的回答。一开始对母亲使用这些回答时需要斟酌和努力，因为它们替代了大多数人都会依赖的下意识反应。但我向你保证，努力是值得的。

非防御性措辞：

• 真的吗？

• 我知道了。

• 我理解。

• 那很有意思。

• 那是你的选择。

• 我知道你就是这样想的。

• 你有权发表自己的意见。

• 让你难过，我很抱歉。

- 等你冷静点我们再谈吧。
- 叫喊和威胁解决不了任何问题。
- 这个话题是禁忌。
- 我不想进行这次谈话。
- 博内疚和博同情不再有用了。
- 我知道你很心烦。
- 这没有商量的余地。

一百次里总会有九十九次，这些话能够发挥调解作用、制止冲突。它们会把冲突扼杀在萌芽中。一切顺当的时候，你无须用到它们，但当你被指责、被欺负、被攻击或被批评时，它们就是必不可少的帮手。

我告诉莎朗，我敢打赌开始使用这些新语言后，她的恐慌症可以得到极大的缓解，她的情感就不会毫无遮掩，她也不会再如此脆弱易伤。现在，她有了武器。就像她在下一次会谈时所反馈的，她也有了盾牌。

莎朗："当我没有理睬她的攻击并为自己辩护时，妈妈反而不知所措了。我本来觉得事先背词特别蠢，但不可否认，当我需要而它们就在我脑海里浮现的感觉真的棒极了。有了这个脚本，我感觉自己周围多了一条护城河，妈妈再也无法像以前那样随意接近我。我感觉这些话真的能发挥作用。不，它已经起作用了。"

你的情感会与新行为同步

刚开始进行非防御性沟通时，因为不知母亲会如何应对，你可能会不安。但无论如何，别让焦虑变成妨碍自己练习新行为的拦路虎。首次尝试时，哪怕感觉胃部痉挛蜷缩，或者脖子僵硬，都没关系。体内的变化不足为惧，改变你的行为，情感自然会和它同步。

母亲占上风时你所感受到的痛苦、屈辱和挫败会奇迹般地减少，你将会感觉到尊严和力量在不断壮大。但你必须跨出第一步。不仅要把新方法铭记于心，更要付诸行动。直到今天，大权仍然握在母亲手中。你可以改变这一切。承诺自己，你不会被恐惧或焦虑控制。也不要担心会犯错，这没什么大不了，下次你就能做对，渐渐地，非防御性的反应就会变成下意识的反应。

劳伦：逐个拔除过度纠缠型母亲的触角

劳伦是一名股票经纪人，她过度纠缠型的母亲要求女儿每天都要电话报到，并毫无遗漏地禀报自己所有的日程安排。劳伦很肯定，只要她试图在母女关系中拿回一些主动权，母亲就会大发雷霆。当然了，她对这种尝试也是心惊胆战（早期的会谈详见"过度纠缠型母亲"一章）。

劳伦："我真正想做的是坚持自己的立场，不想给她打电话的时候就不打。但我完全预料得到会发生什么。她

会给我打电话，她会警告我，然后马上调转话题说她是怎
么坐在黑暗中等我的电话……然后我就投降了。"

就像我和莎朗一起做的那样，我也建议劳伦进行角色
扮演。我扮演她的母亲，她扮演自己，这样我们就能看到
她平时的反应。

我（扮演母亲）："我知道你让我别在工作时间打扰你，
但你昨晚没来电话，我一直很担心。我坐在家里，不知道
你是不是一切安好，担心你是不是遇到什么可怕的事。昨
晚我本想看看电视，但脑子全是你可能发生车祸的画面。
你怎么能让我这样操心？你怎么了？我做了什么让你不高
兴了？你伤害了我，让我担惊受怕。我一个晚上都没合眼。
难道你一点都不在乎我？"

劳伦："天哪，苏珊，你一定窃听了我的电话……好吧，
我们继续……妈妈，我当然在乎你。这么多年，我都坚持
每晚和你打电话。就漏掉一个晚上，我不觉得这是什么弥
天大罪。数数我带你去过的地方，再想想我陪你度过的时
间。我一直都是孝顺你的女儿。"

我（扮演母亲）："我感觉不是这样。至少昨晚之后，
就不是这样了。你不知道我有多担心……"

劳伦："我觉得自己就是个懦夫，苏珊。我知道现在
是在假扮，但还是感觉非常内疚。在这之后，我要怎么告

诉她，说我以后都不打算给她打电话了？"

我告诉劳伦，很多时候，健康的新行为需要先于情感变化发生。当你刚开始说"不，我不会因为你坚持就按你要求的去做"时，你可能感觉底气不足，可能会内疚。但次数越多，就越容易做到，焦虑也会消散得越多。我们都得让自己的行为健康化，并相信情感也会同步健康化。事实通常也会如此。

在我们练习通过非防御性回应来应对母亲压力的过程中，劳伦的表情逐渐愉悦放松。她特别喜欢"让你难过，我很抱歉"这句话，因为它听着并不咄咄逼人，却能给她力量。

我（扮演母亲）："你昨晚没有打电话，害我担心极了。我一夜没合眼。你怎么这么不顾别人感受？"

劳伦："让你难过，我很抱歉。我真的没想让你担心。"

我（扮演母亲）："你知道你每次打电话报平安之后，我才能放下心来。这样的要求过分吗？"

我（提高声音，假装在哭）："难道你不在乎我了吗？"

劳伦："我当然在乎你。这问题问得实在太荒谬……哎呀！我掉进陷阱里了。我们可以再试一次吗？"

我："当然可以。"

我（扮演母亲）："难道你不在乎我了吗？"

劳伦："噢，天哪，我不知该说什么了。"

我："那就说'等你平静点我们再来讨论这个话题'这样的话。"

我（扮演母亲）："我没法和你交流了。我要上楼去休息了。"

劳伦："我真能那样做吗，苏珊？这样不会让我像一个让人厌恶的女人吗？"

刚开始使用非防御性用语时，你可能会觉得自己在做出格的事或者错事。你不习惯在诱导性问题或陈述面前不做反应，你肯定也不习惯在母亲难过的时候，只用中性的词去应对。

我们无法预测母亲会如何应对你的新行为，毕竟她不习惯真的被人挑战。如果你的非防御性反应触怒了她，自恋型母亲可能会回以愤怒。若是过度纠缠型母亲，比如劳伦的母亲，可能就会打同情牌。我没法罗列所有母亲可能会有的反应，我能说的只有：不要防守。无论她做何反应，上面列出的非防御性回应都能帮你应对。如果她已经暴怒或者开始恶言相向，想要终止谈话时，你只需要说一句"等你冷静点我们再谈，现在我得走了"。

可能这种交流就像一双挤脚的新鞋，你会感觉这双鞋不属于自己，但练习的次数多了，就会带给你舒适感。预想远远不及实践，之后，你会发现从有效捍卫自我中获得的轻松和自豪感，要远远胜过恐惧。

即使你又回到以前那种防御模式，也没关系。这是正常的，没有人不会犯错，但你有很多重新尝试的机会。不断地把非防御性反应融入和母亲的关系中，越是这样做，你越会感觉舒心。

学习这些技巧并让它们与你的日常行为融为一体非常重要，怎么强调都不为过。如果和母亲相处的时候你能做到，那和其他人相处时亦然。

第十一章

设定界限

——

"我从未相信自己有权说不。"

非防御性沟通能有效转移并减小冲突，它能让你冷静并一针见血地回应所有言论，包括最具煽动性的。

然而，要想最有效地改变母女关系中的力量抗衡，你要做的不仅仅是非防御性地回应，还必须确定并将自己的需要和渴望告知母亲。这就需要你设定界限，即为你们的互动设定限制和规则。

假设你住的房子没有门，窗户没有玻璃，院子没有围栏，没有牢固的屏障保护你的地盘、隐私和安全，你会觉得自己的一切都暴露在外，觉得自己脆弱得不堪一击。这可能就是你一辈子都在体会的和母亲相处时的感觉。爱无能的母亲并未意识到自己和你之间有界限，这也是她们的共同点。她们认为自己的喜好和需求比你的重要。她们中的一部分会入侵你的现实空间，然而所有这类母亲都会把自己的判断、优先考虑的事、意见和喜好强加给你。她们掌控全局，并坚持认为好女儿应该允许母亲这样做。

设定界限可以改变这一切。它让你明确自己的现实空间和情感空间，让你掌握自己生活的主导权。实体界限就是当你在场时，或者他人在你的房子里时，你允许他们做什么；情感界限是指你允许他人待你的方式。前面提到的写信练习对帮助女性进行自己和母亲之间的情感分离起了很大的作用，然而，即使你做到了这一点，如今你可能仍感觉很难不受母亲的行为及反应的影响。下面的问题可以帮你对自己做个评估，看看你在多大程度上仍受母亲情感规则的影响：

• 你还在为母亲的感受和需求负责吗？
• 你还优先考虑她的感受和需要，却忽视自己的吗？
• 你还在因为母亲的难过而难过吗？

如果你的肯定答案超过一个，就说明你的情感界限非常模糊，也说明生活中你情感世界的统治者是母亲，而不是你自己。

毫不意外，那些从小被教导母亲的感受和需求比自己的更重要的女性，她们的情感界限会比较模糊。如果你也是这样长大的，可能你会觉得把自己和母亲的情感区分开来是不妥的做法，甚至会觉得陌生。但这样做可以给你的情感世界加上该有的门和围栏，在你拥有自己渴求的独立之前保护你。

母亲的生活、情绪、感受和对你的偏见，都无须你负责，这都是她的事。无论你的愧疚感有多重，你都必须要在自己和她的生活之间设立界限。

这一点至关重要，因为只要你的重心仍然放在母亲身上，你就不可能了解你是谁，你自己真正想要的是什么。你会猜测她的需求、反应和难过，却不去探索自己的欲望，也不会和她说"我想""我喜欢"或者"我是这样想的"这种话。对女儿们来说，很容易，也更普遍会在生活里处于被动地位，如果她们习惯于回应母亲，忘记或从未发觉自我的样子。

成年人的关键任务是赋予自己个性，即成为你自己，如果你束缚自己，不去自由地寻找自己想要的，不展示自己的才华，也无视自己的喜好，那你就无法做你自己。在自己的领域里，一切应该都在你的掌握中。但直到现在为止，你都表现得那似乎只是一个幻想、是不可能的事。我向你保证，一旦你把自己和母亲的生活分离开来，那些就能成真。

创建界限

创建界限分四个步骤，需要你内外兼顾，需要你鼓足勇气，我保证你做的一切都将是值得的。

第一步：决定你想要的

如果你觉得自己的界限模糊，那就花时间认真思考和母亲相处的时候，你想保留哪些行为。哪些行为让你觉得被侵犯、被无视、被贬低，或者感觉自己无能为力、没有存在感？回应她的要求时，在所有愿意做和不愿意做的事情里，你想在哪里设限？对你来说，能接受什么，不能接受什么？

你有权决定和母亲在一起时，哪些行为是允许出现的。如果母亲要帮你换发型，你能接受吗？她来之前需要事先打电话吗？她如果半夜来电却没有急事，你能接受吗？她在你家里可以拿起桌子上的信拆开来看吗？她在你家里可以翻你的抽屉或冰箱吗？她可以借用东西而不问你吗？她可以整理你的衣柜吗？你能接受她看你的手机短信吗？你得在自己的"地界"上立规矩，这些规则要和你一样，独特且有个性。

要牢记，你永远有权受到他人尊重，有权在遭到不公待遇和批判时提出抗议。用界限来巩固这些权利至关重要。母亲对你大喊大叫、威胁你或者对你进行语言攻击都是不应该的。你有权阻止她批评你、你的朋友或家人。你可以要求她不发表未经征求的建议。对于她的问题和负面情绪，你无须再承担指责或责任。

当你要开始让母亲知道你自己的需要时，如果觉得这让你犹豫不决或摇摆不定，就回头看一遍你的权利宣言。

你是一个成年人，你有选择权和决定权。你还可以列一份清单，细数自己想回避母亲哪些无爱的行为，来向着自由迈出一大步。你和那些行为之间预留的空间就是界限。你没必要一次就把所有界限都设好，我也不建议你这样做——你可以慢慢完成——但你必须明确自己想要什么。

第二步：通过立场声明向母亲表达自己的愿望

仅有自己知道的界限是无意义的。只有你清楚地把母女关系新的基本规则传达给母亲，在她越界并给你带来不适，或在她提出你不想附和的请求、命令或设想时提醒她，你的界限才会变得有效。

你要通过立场声明设定界限。其实就是让你用清楚、直接、非防御性的措辞来表达自己的愿望。立场声明可以用下面的话来开头：

- 我再也不愿意……
- 我愿意……
- 我不允许你再……
- 你不可以……
- 你要……

完整的句子类似于：

- "妈妈，我再也不愿意听你埋怨爸爸。你要说就去和别人说，别找我。"

- "你不可以批评我丈夫。"
- "我不允许你再在我家里或我的孩子面前喝酒。"
- "我再也不愿意每个星期天都和你一起过。我愿意一个月见一次，其他的周日，你要给自己做其他的安排。"

你不需要道歉、解释、辩解或恳求，只要通过立场声明说重点：什么是可以的，什么不是。这就是你需要去沟通的。

第三步：策划并运用回应

在完美的世界里，你可以直言自己的偏好，母亲会拥抱你，然后说："我没想到这会让你感到困扰。我一定会改的！"从此，你们的母女关系将变得美好。然而在现实中，和爱无能母亲之间的关系要麻烦得多。你的界限设立对母亲而言不啻晴天霹雳。她很少或者从未见过你如此坚定，可能她也从没想过你会有这一面。你的新力量很可能会让她感觉受到威胁，所以她肯定会进行回击。

这就是我说提前预测她可能会说的话并练习你将做出的回应非常重要的原因，就像你学习如何进行非防御性沟通时一样。这一次，你应该专注于自己的立场，不要分神去争辩、解释，也不要在意批评自己行为的话。这里有一些例子供你参考（本章后续会有更多例子）：

当她说："为什么你现在要这样做？以前这些似乎从未让你困扰过。"

你说："妈妈，我非常困扰。只是以前我从来不敢说。我再也不愿意忍受……"

当她说："你到底怎么了？"

你说："妈妈，因为勇气和醒悟，对于那些让人无法接受的行为，我再也不愿意无视、找理由、原谅或者接受。"

当她说："谁让你这样做的？"

你说："这是我自己的想法，妈妈。我深思熟虑过，我再也不愿意忍受现状（接受事情是这样的）。"

第四步：决定合理的结果

母亲可能会抗拒或拒绝接受你设定的界限，所以你需要有个计划，如果她给的是消极回应，你要怎么说怎么做。我不是在指惩罚，我是想让你注意避免有害行为。一旦你设定界限，就意味着在你心里某些行为已经是无法接受的。为了避免自己受这些行为的影响，为了向母亲和自己证明你是认真的，你需要远离那些行为。当母亲反击的时候，你要怎么做？首先，你得重申自己的立场，让你的界限清晰；其次，如果母亲仍然不接受，你可以：

• 离开。

- 要求你母亲离开。
- 挂断电话。
- 减少和她联系的次数。

还有许多其他可行的回应，所以想想怎么做最能保护你远离那些让你觉得困扰的行为。如果母亲不尊重你的界限，远离她无爱行为的目的不是报复她、伤害她或羞辱她，恰恰相反，这是在为了你的最佳利益而行事。

提前决定该怎么做，让母亲知道你的计划，对自己许下必须遵守的承诺并坚持到底，这样可以确保你能和母亲清晰地进行交流，也可以保证你的言行一致。

你无法改变母亲的行为——只有她能做到——但是你可以通过改变自己的行为来改变你们的关系。

劳伦：练习立场声明

在成功地进行非防御性沟通之后，劳伦渴望能更进一步，向母亲设一些基本规则。

劳伦："比起道歉或服软，说'让你难过，我很抱歉'这种话真的是一件微不足道的事，但它偏偏就有效。非防御性交流让我觉得自己强大了许多。但妈妈仍然希望我每晚都给她打电话，'漏打'电话之后我没有去安抚她，而是安然接受现实，并告诉她我不会再听从她的安排。"

　　我告诉她，这就到了声明立场的时候。我向她解释了基本概念，然后问她什么样的电话联系不会让她感觉不舒服。

　　劳伦："一个礼拜两到三次吧，我真的不想再多了。这样就感觉很好。也许最后我还会继续减少次数……也不需要打很长时间。我只想确定她一切无恙，让她知道我也一切都好。只要想想花几个小时听她在电话里对我的私生活刨根问底，还给我做这样那样的计划我就受不了。"

　　我："你打算怎么告诉她？"

　　劳伦："我可以这样说：'妈妈，挂电话之前，我得和你谈谈。我要告诉你，以后我不会每天都给你打电话了。我有自己的生活。我不介意每周给你打几次电话，但我不希望你再在电话里盘问我的私生活。然后，我上班的时候你不能再打电话过来。你可以给我的手机留言，但白天你不能打我办公室的电话。'但我知道，如果我不每天给她打电话，她就会不停地打过来，不停地烦我。这是她惯用的招数。我知道她会失控，然后说我不爱她了。"

　　过度纠缠型母亲会不惜一切达到目的，劳伦过去用自己的行动告诉她母亲，跨过她的界限母亲就能如愿以偿。她的每一次妥协都是在助纣为虐。现在，为了纠正母亲的行为，她必须坚定自己的立场。一旦她明确了自己的界限——一个礼拜两到三次电话，工作时候不可以打电话——她就应该把这些告诉母亲，并让母亲知道自己是认真的。"如果在你宣布新规则之后妈妈还是给你打电话，你会怎么做？"我问她。

劳伦："我不想和之前一样向她屈服……我知道这样很难，但如果她在我上班时打电话过来，我会告诉助理不要把电话接进来，或者打断她说我要挂电话了。"

我："那你也要把这些告诉她：'妈妈，我希望你尊重我的意愿，除了约定好的每周两次通话之外，不要给我打电话。如果你非要在我上班的时候打过来，那我没有其他办法，只能让我的助理不要转接，除非你有急事。我是认真的，妈妈。'"

劳伦："但那样她会发疯的。我现在就能想到她会说什么——'我对你做了什么，你要这样对待我？你为什么要这样惩罚我？'"

当你开始抗拒母亲的不良行为时，许多母亲都会把自己当成受害者，这很常见。这是一种有效的操控手段。我告诉劳伦，你没有必要接受。一个有效的回应就是："请冷静。新的规则我已经告诉过你，你得听进去，你得重视。"

母亲提出某个问题或某种指责时，若你不做回应，且能把焦点集中在设定好的限制和界限上，你就会变得更强大。就算你觉得自己像个复读机也没关系。一开始，母亲可能会因为慌乱、震惊和困惑而无法全部领会你说的话，你只需要继续设定界限，清楚地告诉她新规则是什么，以及如果她不遵守或者违反规则你会采取什么行动。

"相信我，我明白你对于坚定自己的立场，并让妈妈严肃对待的迟疑。"我和劳伦说，"我知道设定界限让你心里十分不舒服，因为你觉得这很冷酷无情。我尊重你不想伤害你妈妈情感的想法，但同时你也需要考虑自己。如果不这样做，一切仍会和以前一样。"

劳伦："我知道。我想除此之外也没有其他办法了……那就来吧。"

我建议她把可能会说的话简短地写出来，包括之前我们讨论过的一些回应，然后默记在心。她已经在学习非防御性沟通的过程中了解到，没有什么比练习更能让新习得的措辞显得流畅自然了。

下一次会谈的时候，劳伦是带着满满的笑容来的。

劳伦："我不敢相信，但是我做到了，苏珊。不是很完美——我很紧张，而且觉得内疚得要死，但我做到了……最艰难的部分就是她开始哭闹的时候，她提醒我她是怎么把我拉扯长大的。我的心差点就要从胸口跳出来，但我还是说了："'妈妈，我们在谈论现在。我们都是成年人，但我们之间的关系并不健康——我们的牵绊太紧了。我并不是说造成这种现状的责任全在你，从很多方面来讲，我也默许了它的发生。我喜欢和你待在一起，喜欢和你说话，但不是以你希望的那种频率。我非常关心你，但这并不意味着我会因此而维持这种模式。我受不了了，我不喜欢这样。让你觉得难过，我真的很抱歉。'

"她在电话那头一言不发，只是不停地抽泣，我也只能保持沉默。我感觉糟透了。最后她说：'你不爱我了吗？'我说：'妈妈，别说傻话。我当然爱你，但是我希望你尊重我的意愿。我得挂电话了，过几天我再和你聊。'

"一开始，她一直不停地给我打电话，但我没有接，于是她就在我的语音信箱里留言。最后，她不再打电话了，然而在听语音消息的时候我听得出她很难过。但我坚持住了，我想这大概意味着我战胜了内心的愧疚。到现在已经过了两个礼拜，这段时间里，主动打电话的都是我，她也冷静下来了。我真正开始觉得松了一口气，也没那么愧疚了。当我对她的怨恨减少的时候，我反而更爱她。"

我告诉劳伦，我特别为她自豪，她也应该为自己感到骄傲。我让她举起右手，轻拍自己的左肩，然后对自己说："你真的做得很好，孩子。"她诧异地看了我一眼，但还是照做了。之后，她笑了，说她想再来一次。

定下首个界限，劳伦等于开创了一个先例。但这只是整个过程的开始——仅凭一次立场声明，你不能指望母亲会立即发生 180 度的转变。但通过改变自己的行为，你可以创造一种氛围，让母亲选择是慢慢改变自己，还是向你表明她不愿意改变。这需要花点时间才能看清，所以你得有耐心。这是你的新行为，也是她的。

凯伦：回应暴怒的母亲

有的母亲起初会抗拒你的立场声明，但会逐渐尊重你的界限，就像劳伦的母亲。但有的母亲的反应就会很糟糕，她们会大吼大叫，会威胁你，或者暴跳如雷。

这些都应验了凯伦的预想。她正在与我一起寻找应对情绪不稳的控制型母亲的新方法，当她宣布已经和男朋友丹尼尔订婚时，迎来的是母亲的批判和谩骂（我们早期的会谈内容详见"控制型母亲"一章）。

凯伦已经意识到母亲的控制给自己的生活造成了极大损害，她知道是时候化被动为主动给母亲的行为设定严格的限制了。但是，和许多其他女儿一样，她根本不敢去尝试。

凯伦："我心里很清楚要怎么声明立场，但我不知道她会有什么反应…"

"我们有很多的证据来证明你母亲的为人，以及你和她叫板时她可能会给的反应。"我告诉凯伦，"她已经侮辱了你和丹尼尔、试图吓唬你、威胁不支持你们的婚礼。所以我们知道，如果你告诉她不愿意再忍受这样的对待，她也不可能会突然性格大变，并对你说：'你是对的，让我们坐下来讨论一下如何筹备婚礼吧，亲爱的。'这是不可能发生的事。我们能做的是，制订策略，应对她可能出现的反应。"

凯伦："好吧，但我内心有个声音在说：'这样做意义何在？'她会发脾气，场面会变得很难看，而我可能会和以前一样，觉得自己又被打败了。"

我："重要的是，你会用坚实的界限来保护自己。你会让她知道，她再也无法控制你。你不能被恐惧打倒。难道你的恐惧比自己想过美好生活的信念更强？难道你的恐惧胜过你对丹尼尔的爱？难道恐惧比自尊更重要？"

凯伦："不，我很想这样做，我知道我必须这样做……以前我试过与她对抗，可是都以失败告终。"

我让凯伦放心，因为现在的她比以前更专注，思维也更清晰。现在她已经完成了三个步骤：决定自己想要什么、练习立场声明，以及决定如果母亲不尊重自己的要求，她将会采取的措施。她预先准备的稿子是这样的：

"妈妈，从今以后你再也不能呵斥和辱骂丹尼尔，你也不能继续辱骂我。从现在开始，婚礼的事、丹尼尔的事，都不允许你插手。你不能告诉我我该和谁结婚。如果你旧话重提，我会中止谈话。如果你侮辱我，我会中止谈话，或者直接离开。"只有五句话，但都表意清晰、掷地有声。

她断定自己一定会遭遇暴怒，现在她可以开始为这做准备了。母亲也许会理性、通情达理，从而让她大吃一惊——但这不太可能会发生。

首先，我告诉凯伦，她需要决定界限设定对话的发生条件。当要挑战母亲的行为时，与其在丛生的焦虑中等待下一次不愉快的发生，不如掌握主动权由自己决定什么时候开始对话。她也可以决定是面对面进行，还是在电话里进行。

如果你肯定母亲会恶言相向，那就没有必要和她面对面对话，也没必要在一个不容易离席的场合下和她交谈。我建议你打电话。它可以让你隔着安全的距离畅所欲言，还可以拿着稿子打电话，让你更自信一些。

"用非防御性回应来武装自己。"我建议凯伦。面对易怒的母亲，极其重要的就是不要挑起她的怒火。不要争论，也不要辩解；不要和她对吼，不要互相指责或是漫骂；不要做计划之外的事。简单直接地对话，并专注于你要传达的信息即可。

如果你的母亲也像凯伦的母亲那样无爱，那她很可能会下意识地把责任推给你，并在你竟敢指出她的行为不妥时攻击你。凯伦已经做好了被炮轰的准备。

　　凯伦："她会说什么我非常清楚。'你怎么敢这样和我说话？该死的你以为你是谁！你和这个移民来往是在给全家蒙羞。他配不上你。你先好好照照镜子吧，小姐！'我根本就插不上话。"

　　我："你没有必要听她这些侮辱和谩骂——没人应该承受这些。你可以说'如果你继续骂我，这次谈话就到此为止了'，你也可以说'打住''那不是你能管的事'或者'如果你没法冷静，我就要挂电话了'来打断她。没有人把你和电话拴在一起，就算你坐在她面前，也没有人把你绑在椅子上。你是一个成年人，除非你改变一贯对待她的方式，不然什么都不会变。

　　"直到现在，主导权仍在你妈妈手里。但你可以告诉她并让她意识到，一切都将到此为止。"

　　凯伦鼓足勇气给母亲打电话，下一次见面时，她向我转述了当时的情景。

　　凯伦："这是我做过的最困难的事情之一，苏珊。我的胃估计都蜷缩成了一团。光是拨号，我就觉得很吃力了。事情和我预想得一样糟。我告诉她我不会再容忍她批评丹尼尔和我，也不会再跟她谈论婚礼的事。这真的彻底打破了我想和她一起逛街买婚纱的愚蠢幻想……她在电话那头大吼，大声嚷嚷地说我有多讨厌，说她有多看不起丹尼尔。我把话筒从耳朵边拿开了一会儿，然后说：'到此为止吧。你怎么叫怎么骂都没用了。'她沉默了。我继续说道：'你要么和我文明对话，要么从此我们不再对话。只有这两个选择，妈妈。你不能再侮辱我。我希望你明白，和谁恋爱、和谁结婚都是我的事，与你无关。'

"结果她只说：'很好。你就这样毁掉自己的人生吧，我才不在乎。'说完之后就'砰'地把电话给挂了。并不能说这是彻底的胜利，我的内心在翻腾，但我感觉如释重负。我终于可以直视丹尼尔的眼睛，不再感觉羞愧。我终于能够诚实地面对自己。"

像凯伦这样逐步地远离语言虐待的方法可能会让你心烦意乱。面对母亲的愤怒不是一件易事，但我可以向你保证，在感觉内心动荡的同时，你的心里也会有自豪感油然而生，你会有一种"噢，我的天——看看我刚刚做成了什么！"的感觉。

"现在，你有了保护自己的武器，如果有需要，你可以再做一次。"我告诉凯伦，"你的城墙没有垮毁，天也没有坍塌。在和母亲经过一次艰难的交流之后，深呼吸，尽一切可能让自己冷静下来。泡个热水澡，提醒自己方才是何等的勇敢。你能照顾好自己。你唤醒了自己体内的女战士。她之前一直都在那里，等着你找到她。"

这很艰难，但还是要做

现在你需要决定："我是打算维持现状，让这种母女关系继续损害我的幸福，还是打算改变这种局面。"

没有一蹴而就的方法。你得坚持到底，一步一个脚印。你可能会愧疚，可能会害怕，但请答应自己，你能够忍受愧疚和其他所有的不适，为了让自己成为健康的女性。这是你可以对自己做出的最重要的承诺。

第十二章

决定你现在想达到的关系状态

——

"我终于觉得自己像个成年人了。"

你变了。

现在的你变得比以前强大，因为你接受自己的权利，采取措施保护自己。你对母亲设了界限，改变了对她行为的惯性回应。你在重新诚实地面对自己。

继续施行新行为的策略，你就能发现母亲是否真心愿意尊重你的限制、界限和愿望。她可能需要时间来接受你对这件事的严肃态度，但每一次你告诉她自己愿意和不愿意做的事，每一次你坚定自己的立场，其实就是在向她展示事情的发展方向，即新的常态。

当以上这些慢慢成为现实，部分母亲，尤其是那些不那么极度苛刻，控制欲和自恋程度不是非常严重的母亲，她们会意识到当前情况很严峻，如果不想和你断绝母女关系，就需要开始尊重你是成年人这个事实，就得把你放在和她们平等的位置。其他类型的母亲会觉得受到了攻击，且无法忍受自己有可能犯错这个想法，所以她们会变本加厉地用她们的无爱行为来保护自己，而不是自我检讨并试着改变自己。

你有四个选择，当然，维持现状不在选择之中。你可以：

① 继续用坚定的非防御性策略来保护自己，继续约束母亲无爱的行为。在某些情况下，做到这两点就够了。

② 通过谈判改善关系。这需要你再次重申自己的意愿，然后就双方共同需要做的努力达成共识，监督她以及你自己的行为以防止倒退。谈判通常适用于更为复杂的情况，此时逐步设立界限和限制已无法解决问题。

③ 和母亲发展一种我称之为"茶话会"的关系。你可以和母亲保持联系，但不要交往过深，要避免给她机会让她发现或批评你的缺点，以此来积极保护自己。

④ 与母亲彻底断绝联系。

接下来，我们将分开讨论这四个选项，本章讨论前三个，第四个放在下一章讨论。记住，掌控这个过程的是你——想要什么样的关系、什么对你最有利，决定权都在你。

选项一：用新技能巩固新常态

之前通过立场声明，劳伦在和过度纠缠型母亲的相处中争取到了更多的喘息空间。之后的几个礼拜里，她坚定自己的界限不动摇，再次来拜访我的时候，她明显比以前乐观了。

劳伦："我简直不敢相信。过去我和妈妈都在下午五点打电话，然而现在有时候我甚至都想不起来有这回事。事实上，我倒有些期待每个礼拜和妈妈聊几次天了。并不是说一切都奇迹般地变得非常完美，但确实好了很多。我得监督自己不要让我们再回到原点，因为我知道妈妈还是很希望我们能好得像连体婴儿一样。但现在我越来越擅于让她知道我不会做什么事都要带上她了。

"我之前计划晚上在家里设个饭局，只邀请一些朋友来参加。我和妈妈提了这件事，得知自己没有被邀请的时候她非常沮丧。我差点就要脱口说出：'噢，那好吧，你来参加就是了。'但我转念一想，'不，这太疯狂了。我不希望她参加。'然后我差不多就是这样和她说的。以前，我不习惯和她说真话，但这一次我对她说：'妈妈，这些事之前我和你说过的。有的时候，我只想和朋友们在一起。'我没有道歉，即使她又老话重提说'你不爱我了'。这真的很艰难。我说：'妈妈，你在说傻话。'然后，我又说：'我爱你，妈妈，但我得挂电话了。'事情经过就是这样。"

　　每一次，当你能够表述一件不残忍或无礼的事实时，你都在成长。劳伦再也不是那个逆来顺受、被愧疚束缚着只会说"是的，妈妈，你当然可以来"的女儿，她迅速成长为一个能直言"这就是我想要的"的强势女性。我问她，如果以前的情景再现她会怎么处理，比如母亲没和她商量就买了音乐会的票，并要求她推掉其他事一起去听。

　　劳伦："你说的这些我也想过。我想这样说：'我很感谢你的慷慨，但我无法接受，因为我有其他安排。'对她不再一味怨恨且能坦诚相待的感觉真的很好，我觉得只要记着这种感觉就可以妥善应付一切了。我不禁意识到，以前之所以一直对她说谎，是因为我觉得自己不这么做就会伤害她的感情。如果你抱有这样的想法，怎么可能会和别人亲近呢？我觉得，现在终于有机会能改善彼此的关系了。"

　　母亲们通常都会像劳伦的母亲这样回应——我希望我能这么说，但事实并非如此。所以如果遇到这种情况，你就得进行下一步。

选项二：通过谈判改善关系

　　对本书中出现的许多甚至是大部分母亲来说，女儿日复一日的坚定对她们影响甚微。

　　尤其是控制型和自恋型母亲，你的立场声明她们会充耳不闻，然后依然我行我素。她们也可能会暂时尊重你的界限，并承诺会改好，但很快又重蹈覆辙（自恋型母亲尤会如此，她们一向为自己光鲜亮丽的表象而自豪，所以她们也许会合作一段时间以提升自己的形象，让人感觉她们真的努力过）。在这种情况下，针对具体问题的逐步改变是没用的，你有必要与母亲进行一次更为正式的谈判，阐述你的希望和需求。

　　如果你意识到只有在母亲的行为有迅速而明显的转变时，你才有治愈的机会，你就会希望通过谈判来改善关系。例如下列这些情况：

　　•母亲有未戒除的瘾症或未治愈的病情，比如会阻碍你们改善母女关系的抑郁症。

　　•突发危机，需要你立即改变母女关系中有害的一面。

　　•过去你被她虐待，你有必要弄清楚她是否愿意承认自己是施虐者的共犯，或者承认自己就是施虐者。如果她不愿意承认，继续和她保持联系只会破坏你的生活。

　　在这些情况下，你必须告诉母亲需要解决的关键问题，你要让她知道你希望她做什么、你自己愿意做什么，以及如果不改变现状会有什么后果。谈判可以让你免受母亲无爱行为的伤害，也可以让你决定什么样的亲密度最适合自己。

鉴于涉及的问题十分重要，可能既复杂又有争议，所以为谈判提前做好全面准备就显得至关重要，这样你就能内心清明、满怀自信，冷静而非防御性地和母亲进行交流。有时候，就像下文说到的，因为有过立场声明的经验，在独自谈判的时候你也许不会有不适。但如果你的焦虑比以往任何时候都严重，治疗师的帮助就显得尤为重要。如果你在过往的家庭生活中遭受过身体虐待或性虐待，那就必须要找治疗师。你需要得到支持，独自面对这一切是不理智的做法。

艾莉森："我再也不想当你的妈妈"

艾莉森生活在一个角色反转的家庭里，她的母亲无自理能力又抑郁，她清楚地意识到因为从小就充当母亲的监护人和婚姻顾问，她总是会在男女关系中充当照顾者的角色。

艾莉森："这个礼拜她和爸爸又吵架了，然后在她给我打电话的时候，我顿悟了。她很难过。因为爸爸下班回到家，发现妈妈待在自己的房间里，没有准备晚饭，于是他就发火了。他摔门，用力关抽屉，一边把橱柜里的锅碗瓢盆扔出来一边骂骂咧咧：'你怎么还没开始做饭！'我能想象得到，当时的场面一定很吓人。

"妈妈像以前一样，不停地问我：'我该怎么办？我

该怎么办？我不知道我还能忍多久。'我脑子里浮现的第一个念头是，'我能搞定。和以前相比，我变得更强大，也更健康了……我知道她应该怎么做。'于是，我让自己冷静。我深吸了一口气，然后开口说道：'妈妈，你和爸爸结婚之后，就一直受他的虐待。你完全能想清楚该怎么做，并改变这种状态，可你非但没有行动，还一直把你的不开心转嫁到我身上。说实话，我再也不想继续忍下去了。'

"于是她开始哭，让我觉得自己就像个罪人。我差点就要给她回电话，想第一百万次告诉她，她应该离开爸爸。但我转念一想，'我在想什么？过去我一直这样做，但是半点用都没有。'大家对疯子的一个定义是，不停地重复同一件事却期待有不同的结果出现……那我成了什么了？"

我告诉艾莉森，她才不是疯子，她把自己保护得很好。她只是越来越清楚地意识到，她处理事情、解决问题、照顾人、做小大人，都是因为受到了从小被灌输的理念的影响。她必须要终止这些条件反射。

艾莉森："我知道，苏珊。我不能再当她的妈妈了。她必须自己照顾自己，接受治疗。我无法替她做这些事情。"

但艾莉森也可以坚持要求母亲得到所需要的帮助，我告诉她，她可以把这个作为维持关系的条件。无论是抑郁症还是癌症，在病情得到控制前，你都是在和疾病打交道，而不是和生病的人。只有母亲得到了帮助，你才能决定她要在你的生活中扮演什么角色。如果她拒绝帮助，那和她的任何关联都不会对你有利。

有一点很重要——如果一个人不愿意自救，那么你不能背弃自己去继续拯救她。

如果母亲拒绝寻求帮助，请记住：

• 分离不是背叛。

• 拯救自己不是背叛。

• 为获取更健康的关系而设定条件不是背叛。

这是健康的成年人在不利情况下会做出的反应。

我让艾莉森把她想说的话再预演一遍，于是她把话一股脑都倒了出来。

艾莉森："我想说，妈妈，我再也不愿意当你的妈妈了。我不想再继续帮你解决你的生活问题……我想让你知道，我很高兴跟你打电话，但当你开始呻吟抱怨自己的婚姻和人生时，我就会转移话题或者挂电话。我希望你能准备好……现在认真听我说，因为我要说的很重要。如果你不希望我和你断绝联系，你就要去看医生，治疗你的抑郁症。我愿意和你一起去，但你必须接受治疗，把你的抑郁症控制住。你愿意这样做吗？"

几天之后，艾莉森给我打电话的时候很兴奋。

艾莉森："我松了一大口气，苏珊。这方法真的有用。有天傍晚，我趁爸爸没下班的时候，去了妈妈家一趟。当时，她正在看电视，穿着一件旧的家居服，蓬头垢面。我说：'妈妈，我得和你谈一谈。但我想让你先去梳洗一下，化个妆，换身衣服，然后我们再坐下来说话。'我在厨房煮了一些咖啡，然后我告诉她我不能替她生活——她得自己照顾自己，尤其要治好她的抑郁症。她说：'我知道这是个问题，但我不知道该怎么办。'

"我说：'妈妈，我愿意帮你渡过这个难关，但是你必须信守此时的承诺。'她攥住我的手说：'我会的，亲爱的。我知道我太过依赖你了。'然后她竟然说了'谢谢'。这出乎我的意料。我不明白为什么自己之前从来没能鼓起勇气跟她进行这番谈话。我不知道自己原本是如何猜想她会怎么做的。我还挺充满希望的。"

她的希望确实有现实基础。她的母亲做了一个微小但意义重大的改变，她说她会照顾自己，而不再是像从前那样只会表现出绝望无助。这是她第一次，同意接受专业帮助。

斯黛茜："事情得立即改变"

有时候，母亲似乎在母女关系中非常强势，以至于你感觉和她闹矛盾会有很可怕的后果，或者你会因为恐惧和忧虑而对她妥协。

斯黛茜面临的就是这种情况。她迫切需要改变和过度纠缠型母亲之间的关系，她的母亲和她住在同一条街上，只隔着几间房子，习惯了一有空就跑到女儿家去消磨时间。斯黛茜的丈夫布伦特已经给斯黛茜下了最后通牒，说他无法"同时和两个女人结婚——现在，你必须得有所行动"，所以，事情到了刻不容缓的地步（我和斯黛茜的早期会谈详见"过度纠缠型母亲"一章）。

布伦特和斯黛茜严重依赖于她母亲的经济援助——布伦特创业的时候，母亲买下了他们现在住的房子，并对他们只象征性地收了点房租，而且孩子们放学后她还帮忙照顾——正因如此，和母亲谈判的想法激起了斯黛茜深深的生存恐惧。

斯黛茜："其实已经开始有好转了，我给妈妈设限了——我告诉她不要翻我们的邮箱，她也就不翻了。但要告诉她……除非我们邀请，不然平时不要来我们家，我知道我不得不这样告诉她……但我真的不敢这么做。可是如果我不这样做，我会失去布伦特。每次想到这件事，我就会感到心悸。"

我告诉斯黛茜，缓解这些恐惧的最好方法就是把想象力和精力用在练习如何向母亲开口把该说的话说出来上，而不是用在想象最坏的情况上。在你学习如何把自己的需求用语言表达出来时，提前做好准备是最能让你获得自信的方法——你可以预先写好草稿，然后大声念出来，直到你觉得可以很自然地讲述。

我："我知道这很难，所以我们来看看我能不能帮你想一些你能顺畅表达的话。因为在整个事件中我是旁观者，不像你这样有感情牵绊，所以这对我来说会相对容易一些。你妈妈必须明白，她不可能再像自己认为的那样，在你们家拥有和在自己家里一样的自由。她没有尊重你独立、已经成年和已经有丈夫的事实。要让她明白这些，只能由你来告诉她。你可能得做笔记，这样就能有可供研读和背诵的草稿。这样做可以让你在感到焦虑和沮丧的时候，也能把要说的话说出来。

"你可以这样说：'妈妈，我很感激你为我们做的一切，但这些安排不是长久之计，它们反而会让我的婚姻走上不归路。用布伦特的话说，他没想到会同时和两个女人——就是你和我——结婚。我也不想让我们像"三个火枪手"一样生活。关于这件事，我真的是想了又想。现在，我得告诉你，哪些事是能做的，哪些是不能做的。

"'我知道这会伤害到你，但我夹在你们中间非常不

开心。我很在乎你，但我们必须分开生活。我们黏得太紧
了，这对我们都没有好处。

"'我一直不想提起这个话题，因为我不想伤害你，
但布伦特说如果一直维持现状他就会离开。现在，我清楚
地意识到这样的安排让我不开心，而我隐瞒自己的不开心
对大家都造成了伤害。我们需要和你分开，过独立的生活。
你从来没有接受过这样一个事实，那就是我在这个世界上
存在的意义并不是为了陪伴你。如果你能接受它，从很多
方面来看受益的会是你。你是一位聪明的职业女性，但你
现在却只是在当保姆。'"

我停下来，告诉斯黛茜，不通过道歉或辩解也能表达
友善和礼貌。谈判的开头这段，是要叙说实情，而不是指
责。下一步就要声明她的立场，要包含以下内容："我愿
意……我不愿意……我希望你这样做。"

我告诉她，立场声明可以这样说："方便的时候，我
们很乐意邀请你过来一起吃晚饭，可能一周一次，也可能
两周一次，但绝对不会是每天晚上，妈妈。布伦特和我结
婚之后，两人独处的时间真的少得可怜。这种状况必须得
改变。

"你不能再批评我的丈夫，也不能只要自己想就跑到
我们家，想待多久就待多久。如果电视上正好会播大家都
想看的节目，那我们可以一起看，但看完之后，你得离开。

我们不是'三个火枪手'。

"我真的很感谢你帮我照顾孩子们。但现在他们在校时间变长了，我也会缩短在布伦特公司待的时间，这样孩子们回家时我可以自己照顾他们，或者我会请个人帮我照看。你还需要把房子钥匙还给我。一直以来，我都太过依赖你，你也一样。我已经是一个健康的成年人，也有了自己的家庭，所以我不想你再像以前一样时时徘徊在我身边。你得有自己的活动，有自己的朋友。"

斯黛茜给自己定了一个期限，承诺在下次和我见面前会和母亲谈谈。第二周我们见面时，她把谈判的情形告诉了我。

斯黛茜："起初，妈妈很愤怒。她的回答类似于，'我无法相信你会这样做。你怎么了？我为你做了这么多，我们一起经历了这么多，我无法相信你丈夫会逼你做这种事。'我的心怦怦直跳，但我不断地深呼吸，然后说：'你不能再用这种语气和我说话，妈妈。我是成年人，而且这是我自己的想法，和布伦特无关。这就是我想要的。'

"她一直看着我。她的脸变得煞白，看起来非常痛苦非常沮丧，好像肚子被我用力打了一拳。她说：'我做了什么？我所做的一切都是在帮你。'这真的太煎熬了。我只能不断重复：'妈妈，这就是我想要的，事情得有所改变了。'最后，她说：'想到以后我的生命里没有你，我就受不了。'我说:'我们要谈的不是这个,妈妈。我们是在谈论如何让成年的女儿和成年的妈妈之间有成熟的母女关系。我现在是有伴侣的人。我知道,你想让我一直陪着你,但以后不会这样了。'

"她似乎真的被我惊着了。然后她说:'意思是你不让我见孩子了?'我摇头:'当然不是。'接下来真是我做过的最艰难的事了,但我还是说了:'妈妈,我觉得你最好能把钥匙还给我。'当她把钥匙从钥匙链上取下来递给我时,我们两个都哭了。她只是说:'现在我该走了。'这让我非常难受。从小到大,我从来没有那么内疚过⋯⋯但有意思的事发生了。我知道我要马上通知布伦特,于是我给他打了电话。他说:'亲爱的,我好爱你。我真为你骄傲,我知道你可以做得到。'他听起来好像松了一大口气。这是第一次,我感觉我们也可以经营好自己的小家庭。我知道妈妈很沮丧,但我觉得自己现在足够强大,可以应对它。毕竟,我嫁的是布伦特,不是她。她也需要这样的推力迫使自己开始新的生活,不再把重心都放在我们身上。"

现在斯黛茜正在采取实际行动,使自己强大,并捍卫自己的婚姻。

记住,你不可能和一个暴怒、不讲理、口出恶言或极度苛刻的人进行谈判。对于你做出的一切努力,如果母亲杀气腾腾地应战,那就意味着她切断了谈判的可能。如果她愿意听你说，但你担心自己无法冷静清晰地表达自己的意愿，那么你可以给她写信，格式就参照之前我告诉斯黛茜的那样，首先要陈述事实，不要指责也不要道歉，然后声明你的立场。有疑问时，可以寻求帮得上忙的治疗师的帮助。

凯西："你得承认你对我被虐待同样负有责任。"

凯西的治疗已经接近尾声了。她非常努力地配合，完成了所有的任务和练习。她变得越来越积极，因为小时候遭受性虐待而患上的抑郁症也已经治愈。她不再是和我初次见面时那个沉默寡言满怀忧虑的女人，她的丈夫和孩子也从她的改变中获益匪浅。

凯西："我还有一件要做的事。现在我和妈妈的联系多以邮件为主，偶尔会打电话，但我们从未提及那个被刻意忽略的问题。现在我坚强多了，所以想最后再试一次，看我们能否解开过去的心结。我知道，这么多年她也不好过。我们从来没有谈论过她放任爸爸虐待我时所扮演的角色。我能邀请她来这里吗？你可以一起接待我们吗？"

我告诉凯西这是个好主意，但我提醒她不要期望太高。她母亲可能会拒绝前来——这种情况下透露的信息，足够让凯西领会能否进一步改善母女关系；她也可能会来，但会很戒备，不愿意敞开心扉。凯西说她觉得自己能够应对这些可能，她还是想这样做。

凯西决定给住在中西部地区的母亲写信，信寄出之前，她复印了一份给我。以下是信的部分节选：

亲爱的妈妈：

我的治疗就快要结束了，现在的我如果能得到你的帮助，将获益非凡。我希望你能来和我一起参加至少一次治疗会谈，看看我们能否找回一些美好的事物，摆脱那些不好的回忆，改善我们的关系。我爱你，妈妈。我希望我们两个人都能好好的。请到加州来，我们将和我的治疗师来一次"回归"的会面。她会帮助我们重回正轨，让我们摆脱受害者的身份。我需要你这样做。你比自己所意识到的更需要这样做。这是一个机会，可以让你为我做一些努力。期待你的回信。

满怀希望的
凯西

凯西的母亲安德莉亚给女儿回了邮件，说她下一周会来加州。她落地之后，凯西去机场接她，然后一起驱车来到我的办公室。

安德莉亚年过六旬，但仍然面容姣好、衣着考究，只是周身笼罩着浓浓的悲伤。她告诉我她对即将发生的事感到忧心忡忡，但她会尽自己一切努力来帮助女儿。我安慰她说接下来不会是一场"打倒安德莉亚"的批斗会，并对她的到来致谢。凯西和我花了一节会谈的时间复习她想说的话，她准备好之后，我让她开始。

她开门见山地说了性虐待的事，说这么多年来因为觉得自己没有得到应有的保护，她一直很愤怒，她极度需要母亲承认曾发生的这一切。她勇敢、直接、清晰地表达了自己希望从母亲那里得到什么。这是她发言的一部分：

凯西："接受治疗的时候，我写了几封没有寄出去的信，在信里，我因为自己那丑陋的童年而向你表达的愤怒，比之前任何时候都要多。当一个人不断地被虐待，她就会变得满腔愤懑。因为没有什么能为从情感上、从身体上虐待一个无辜的孩子而开脱。我没有真正对你表达我的愤怒，不代表它不存在。

"事实是在爸爸对我做那些可怕的事的期间和之后，你都选择保护他。这样做，你就变成了他的同伙。不知为什么，我觉得你一直都明白这一点，也为此感到愧疚。如果我是你，我也会愧疚。他是罪犯，但他从来没有为自己的罪行付出代价，因为你替他掩护、撒谎，你装成鸵鸟把头埋进沙子里不闻不问来保护他。当然，也是在保护你自己。因为如果这些事没有被挑开来说，你就不用经历为爸爸的行为解释的你所谓的'难堪'了。

"和保护我比起来，你更担心自己会难堪。你从没把我当成一个正常的小女孩去了解，你也从没给我机会去当一个正常的孩子。你错过了很多，妈妈，因为你让恐惧占据了自己生活的一大部分。而我，则彻底错过了一个正常的童年。

"我希望你为此负起责任，妈妈。对爸爸，我只有鄙夷，但对你，我觉得如果你能承担自己该承担的责任，那我们可以从这里重新开始。因为不管怎样，我仍然爱你，妈妈。我希望我们俩都能好好的。"

安德莉亚静静地听着，她低着头，双手交握放在膝盖上。我告诉她，我知道对她来说这很难受，然后问她想对女儿说什么。

安德莉亚："在对你造成了这么大伤害之后，不管我说什么都显得微不足道。当时，我以为我已经是尽自己所能在保护你了，但是我心里非常害怕，我不相信也不确定他真的对你做了那些事。我不知道我应该怎么做，所以我什么都没做。我……让他伤害了你。这么多年来……我从来都不是一个坚强的人……

"我厌恶自己这么容易就受人摆布。我想我当时的想法是，这件事实在太可怕了，不应该让别人知道——天知道他们会怎么嘲笑……但我做的一切都是在伤害你。我无法原谅自己。亲爱的，我很抱歉，我无法用言语表达自己对你的歉意有多深。也许我这样说没有意义……我爱你，凯西。保护孩子是母亲的责任，但我没有尽到自己的责任。无论以前在你身上发生过什么事，都不是你的错。请相信我说的这些话。我不知道你是否能原谅我，亲爱的。让他伤害你是我做过最恶劣的事，我每天都生活在愧疚里。我被它折磨着，觉得自己一文不值，也不配受人尊重。我很抱歉……"

此刻，凯西和安德莉亚都在哭，我也热泪盈眶。最终，安德莉亚选择了帮助女儿，不是简单地说一句"我是一个坏妈妈"，而是明确指出自己的所作所为并承担相应的责任。她让凯西知道过去遭受的虐待并非凯西自身的责任，这一点对安德莉亚很重要，对凯西更重要。安德莉亚自发说出这些话，进一步解开了凯西长久以来的疑惑，也减轻了她一直背负的愧疚感。现在，对她们来说，建立以信任为基础的母女关系变成了可能实现的事。她们需要慢慢地，一步一步实现。

多年来，像凯西的母亲这样为了帮助女儿而来参加会谈的母亲们，往往都很让我惊讶。有时候，前来的是你最没想到甚至是没奢望她会出现的母亲，因为她对自己的行为万分愧疚，极度抵触去碰触那段黑暗的记忆并说出真相。你不开口询问，永远不会知道究竟会如何。

　　如果你遭受过身体虐待或性虐待，你想知道是否还能维系和母亲的关系，那就得在治疗师的帮助下进行。你的母亲要为自己的行为承担责任，她需要接受治疗，或者和你一起参加几次会谈，就像凯西的母亲那样。

　　我想让你知道，你完全能够摆脱性虐待所遗留的阴影。事实上，我成功帮助过数以百计的女性（和男性）治愈了这种心理创伤。无论母亲对你做过什么，积极有效的治疗和悲悯济人的支持也能让你平复。可能你和母亲的关系能更近一步，也很可能不会。重要的是你可以竭尽全力怜惜自己，爱自己。

选项三："茶话会"关系

　　如果母亲抵制你的变化，或表明她也不想见你，那么既能维持联系又不伤害自己的方法之一就是发展我所说的"茶话会"关系。这完全是一种表面的交流。你不会露出任何破绽让母亲有伤害你或者批评你的机会，也不会暴露自己的弱点。

　　许多女儿都会选择发展这种关系，因为这既可以让她们在维持某种联系的同时保护自己，又可以减少和母亲互动时的痛苦。有时候，她们认为保持一种安全、虚伪的关系比断绝联系要好。

　　简的母亲有时支持她蒸蒸日上的演艺事业，有时则会批评她，和她比高下，把她和其他人做比较时否定她，从而打击她的自信。简一直艰难地想要和那个偶尔出现的"好妈妈"建立联结（我们的早期会谈在"严重自恋型母亲"一章），然而，再多的界限设定也无法驱除必然会出现的批评和比较。

简："事情有所好转，但我觉得，妈妈还是那个妈妈。她的言语锋利如刀，她时时都攥在手里，我根本不知道什么时候会被这把刀刺中。当我告诉她我不会再让她肆意批评我时，她看着我点了点头，说'我明白'——然后依然我行我素。我给她看我们在片场拍的一张很漂亮的照片，她就只说了一句：'很不错，亲爱的。顺便说一下，你的头发颜色如果能浅一些，会更上相。'老实说，我觉得她那张嘴完全可以登记成一种致命的武器。她就是这样，我不认为她会改变。

"我知道你会说我应该离她远点，但我还没准备好完全将她从我的生活中剥离。她是我的妈妈。关于她，我仍然有许多美好的回忆。当她愿意的时候，她是一个很和蔼的妈妈。"

我告诉简，我理解她希望和母亲保持联系的愿望，但我强烈建议她往后退一步，不要让母亲和自己的生活有太多交集。"不要谈论你的目标，也不要谈论你的希望和梦想。"我告诉她，"不要邀请她参加任何你参与的职业活动——因为你心知肚明她会多么努力地抢夺别人的注意力。保持表面的亲密，说说闲话，可以聊聊电影、书和天气，不要对她敞开心扉，因为你知道如果她想通过胜你一筹突显自己的优秀，你只会得到打击。你所从事的行业已经很容易打击自尊了，你最不想要的就是妈妈让你失去安全感。"

你不需要依靠治疗师的帮助来建立"茶话会"关系，但你得提高警惕，要快速应对。当快要碰到敏感地带时——比如说到你最在意的话题时，比如提到你的生活境况而你清楚她会条件反射地进行批评而非支持时——你就要主动改变话题。这种关系很像击剑。她向前刺，你闪躲，然后通过精心设计的步伐和她隔开安全距离。

如果简的母亲打电话问："你好吗？正在工作吗？最近有没有试镜？"那简就需要这样转移话题："我很好，妈妈。你昨晚有没有看 HBO 那部超棒的电影？"因为简的母亲自恋又好胜，让她谈论自己是很容易的事。

如果你选了选项三，当你将自己生活的很多方面向她关闭时，那么要做好准备迎接"为什么"的轰炸，比如：

- 为什么你要这样做？
- 为什么我们不能继续聊天了？
- 为什么你不愿再和我分享你的生活？
- 为什么你不再对我敞开心扉？

你可以这样回答：

· 我现在只是在独立处理一些事情。妈妈，你最近在忙些什么？

· 我现在不准备谈论这件事。晚点再说吧。

· 我很好，妈妈。我想听听你的事。

为了回避母亲的试探，为了不让她找到攻击的目标，即使你心里窝火或者不平衡，也需要迂回闪躲并积极地引出新的话题。

简："我已经能够体会这个有多需要技巧了。我以为讨论看过的电影会很安全不会有风险，但当谈到这个话题时，妈妈说：'你应该演这部电影的。你的垃圾经纪人怎么没帮你争取到这个女儿的角色呢？'我被噎住了一会儿，然后我重新组织了语言，说：'顺便说一下，我刚看了一本书，我觉得你应该会喜欢。'我不得不时刻保持警惕。"

在本该爱我们的人面前，大多数人都不愿意这样去相处，而且这似乎很虚伪。但如果母亲明显爱无能、好斗、公然辱骂你，而你还未准备好或不愿意和她切断情感上的联系，这会是一个好的选择。因为这样做可以让你有效地保护自己，可以赋予你力量，这样你就能改变现状。假如你觉得这个选择很适合自己，也不要以为自己是在逃避。

很多女性不愿意与爱无能的母亲分离，而找到一个无须进行妥协屈服的中间地带可以让她们如释重负。有时对你而言，这可能是最为健康的选择。

第十三章

最艰难的抉择

——

"归根结底是在妈妈和幸福之间做选择。"

没有人能奇迹般地让母亲顿生渴望,渴望能改善和女儿之间的关系。部分母亲的戒备和与此相伴的无爱行为,会远比自身的母性更强烈。遇到这种情况时,部分女性能够也愿意维持不远不近的表面联系。但也有一部分人发现,茶话会式的母女关系无法阻隔母亲的控制、批评和纠缠。于是,就只剩下一个艰难的选项:断绝联系。

没有人能轻易做出这个选择。女儿们尽自己一切努力,学习各种方法,留意母亲积极回应的任何蛛丝马迹,但让人痛苦的是,她们意识到期望的一切不会发生,而要结束破坏自己生活的有害模式,唯一的方法就是断绝关系。

决定断绝联系并坚持到底,是一名女性做过的最艰难的事情之一——也许没有"之一"。但对那些精疲力竭没有其他选择的人来说,走这一步往往可以让她们拥有渴望已久的健康、有意义的生活。在本章，我将展示如何帮助我的当事人凯伦做这个艰难的抉择。在没有他人帮助的情况下，我不推荐你进行这一步，如果你正在考虑这个选项，我强烈建议你寻找一名心理治疗师，确保治疗师能积极引导你，确保你保持专注，并能帮助你在与母亲脱离的条件下完成断绝联系和重建生活的过程。

断绝关系：当所有的方法都失败

断绝关系是最后不得已而为之的手段。当女儿们用尽办法也无法不去质疑母亲，当女儿们放弃抱有能奇迹般"从此幸福地生活在一起"的幻想，甚至是放弃期待下一次能平和地见面时，她们就会萌生这样的想法。

凯伦的母亲竭力反对她和未婚夫丹尼尔的婚事，她想尽了办法限制母亲对她与丹尼尔这段感情的辱骂和攻击。但无论是她的立场声明，还是她坚定、非防御性地要求改变，母亲都置若罔闻。

凯伦："我又接了妈妈的一个电话。我真的没法再继续听她说丹尼尔的坏话，所以就跟她保持了距离。我已经用尽一切办法。我本以为我们能维持茶话会关系，但她唯一想讨论的话题就是丹尼尔如何毁了我的生活。什么办法都没用，苏珊。什么都没用。她说我的立场声明是'心理呓语'。但今天的情形是最糟糕的。上周我按照你说的给她写了封信，试着想和她谈判改善关系。我告诉她，如果想继续保持联系，就不要讨论丹尼尔，我还说如果她不去接受治疗，我们的关系也就无法继续。

"然后，我得到了回复。今天早上，她打电话给我，电话一接通就开始咆哮。她说：'我没病，有病的是你才对。如果没有那个入侵者，我们一切都是好好的。'在她继续骂人之前，我挂了电话，但真的太糟了。我该怎么办？"

当你明确表达自己对母女关系的要求，即使已经做好了面对消极回应的准备，但当母亲给出类似"不，我不愿意屈服，即使我知道我伤你很深"的回应时，你仍会觉得非常不安，甚至是震惊。之前所有关于她没有尊重你的要求和愿望的否认，在这一回应面前，都消失得无影无踪。

我问凯伦她想怎么做。

凯伦："我真的不愿意相信事情走到了这一步，苏珊……但是如果她还不改变自己——她的确也没有半点改变——我和丹尼尔就只能吹了……我已经黔驴技穷。她时常控制我、羞辱我，我不认为我还能再继续和她来往。"

像凯伦这样的女性，当她最终意识到和母亲的联系会让自己无法过上想要的生活时，就要面临这样一个抉择：

母亲，或者自己的情感健康。她必须要选择后者。

一旦做出这个关键决定，接下来她就必须采取措施清楚地向母亲及自己展现自身的坚定、独立以及坚持到底的能力。她必须坚信：她是一名强大独立的女性，不是一个无助的孩子，离开了母亲她一样能活下来。这就意味着要让所有不肯消散的"如果""但愿"和"要是我够好她就会爱我"这样的渴望，以及所有的设想幻想统统靠边站。"现在是时候彻底放弃那些害人的虚妄了，"我告诉凯伦，"它们对你百害无一利。"

告诉她一切到此为止

我告诉凯伦，让母亲知道你要和她断绝联系，最好的办法就是写一封简短直白的信。现在不需要重提过去的伤害，不需要提出疑问，也不需要对方道歉。写这封信是为了简洁明了地告诉她，和她从此再无联系的可能。这封信要简明且非防御性，一到两段即可。

我告诉凯伦信的结构可以是这样的：

"妈妈，我想了很久才决定，为了自己好，以后我不会再和你联系。这意味着我不会给你打电话，不会给你写信，不会给你发邮件，也不会去看你。我不打算再花时间和你纠缠了。请尊重我的意愿。"

我告诉她，重要的是不要出现含混不清的措辞，否则就是让紧闭的门留了一条缝隙。除非信中的措辞非常清楚，不然母亲不会把它当回事。

我告诉凯伦，当面转达这一信息不是明智之举。如果母亲愿意接受女儿的请求，哪怕甚至愿意倾听，都不会进行到这一步。女儿需要保持冷静，并把注意力集中在要说的话上，写信就是最有效的方法。我让当事人们手写信件，然后寄出去，不要发邮件。女儿的笔迹会向母亲强调，这封信不是在某台电脑上随随便便打出来的。

我给凯伦的最后一个建议是：不要通过电话传达信息——她的母亲很容易挂断电话，或者不等她说完就开始骂人。

凯伦的信严格参照了我的格式，当然，她下笔的过程十分艰难。

凯伦："一开始，信里还留有'我只想要你稍微做下让步，我知道只要你能发现丹尼尔的优点，我们的关系就能改善'这样的内容。我写下了自己的乞求和希冀，说实话，我真的觉得很心痛。因为看了自己写的草稿之后，我真的很震惊，多年来我的乞求和祈祷所得到的却是如此的少。（她的双眼盈满泪水，她深吸了一口气，继续说了下去。）

"然后，我想起你说的，要简明扼要，于是就平铺直叙了。我觉得自己应该表达清楚了断绝联系是什么意思，因为老实说我不知道她是否会理解成其他意思。我知道她不相信我能下决心这样做。"

凯伦读了她的信给我听。我告诉她，她做得很好。我宽慰她说此时的感受在情理之中。女儿们告诉我，写断绝信的时候，她们会被许多情感湮没——悲伤、失望、对后果的恐惧、自我怀疑和严重的缺失感，而最严重的就是因为自己的行为而产生的巨大的负罪感。凯伦没有被这些情绪阻碍，她把注意力放在需要做的事上，继续把信写完。现在，她就得处理不可避免的后果，即面对那些情感的怪兽。

凯伦："所以……我只要把信寄出去，然后静静等待炸弹爆炸？"

我："你只要一门心思和丹尼尔还有真心爱你的人好好生活，计划你的婚礼，感受一下没有妈妈否定打击的生活是什么样的。"

凯伦："我很期待。但是这似乎太……决绝了。我知道自己已经尽了一切努力——我知道，但接下来有一段时间会很难挨。我知道我的家人——妈妈那边的亲戚——他们会发疯的。给你读信的时候，我心里的愧疚已经倾闸而出。我担心的不是妈妈，而是其他人……"

消除愧疚

在帮助凯伦打消对家人可能会有的回应的恐惧，并制订策略应对他人的反应之前，我需要先帮她消除因为跨出这一大步而产生的愧疚。很多女儿认为她们没有权利和母亲断绝联系——毕竟，如果说母亲的坏话就已经是大忌，那断绝关系就更无法想象了，哪怕和母亲保持联系会毁掉她们的幸福。女儿们的心里会涌现出极大的愧疚——因为她挑战现状，因为她的行为动摇了"家庭"这个概念的根基，因为她居然选择让自己幸福，而不再继续牺牲自己成全他人的期望。也许最让女儿愧疚的，是她们主动对无法爱也不愿意尝试爱女儿的母亲说"够了"，并切断母女间的纽带。

有许多方法可以处理这些堆积如山的愧疚，我知道的最好的一种就是把愧疚形象化并挑战它。我让凯伦找一个可以代表她的愧疚和忧虑的"怪物"图像，和它说话，让怪物知道从此它无法再控制她的生活。

我建议她从网上找一张图片打印出来，或者从杂志上撕一张图片。凯伦在《国家地理》杂志上找到了自己要的图片，一只守在古老地图一隅的海怪。

她把图片放在自己面前，盯着它看了一会儿，然后开始说：

凯伦（对她的愧疚）："我不太清楚你是怎么占据了我生活的这么大一部分，但现在，在这里，我让你滚开。我不再需要你，我也不想要你，我不会再让你称心如意。你让我做的事情，违背了我的真心，伤害了我的自尊。

"你让我总是害怕。我不敢做自己想做的事，不敢知道自己是什么样的人，因为害怕由此产生的后果。我所做的是为了让自己过上想过的生活，但因为你，我觉得备受折磨。我已经花了太多的时间去满足你的要求、让你开心、成为你希望我成为的人。这些，都已经成为过去！

"只要我认可自己就够了。我要找到真实的自己，我要做自己想成为的人，并为此感到快乐。谁应该在我生活里出现，谁应该远离我的生活，我的人生要如何演绎，选择权都在我。做决定的是我，不是你。

"我知道对自己而言什么才是最好的，轮不到你来妖魔化我。

"永别了！"

凯伦："哇，这言语中的力量和决心，让我还挺意外。"

当女儿们坐下来警告这些愧疚，说她们不会再让它控制自己的生活时，通常能感受到力量的激增。在这个过程中，她们也是在向潜意识传达这样一个信息：她们不会再让情感的怪物成为自己生活的拦路虎。

应对家人和朋友反应的策略

凯伦有一位爱她的阿姨，还有支持她的表亲，她最害怕的是会失去她们。很多女性担心的不仅是和母亲断绝关系带来的后果，还很担心会因此弄僵和其他家人的关系。因为自身行为的改变而导致整个家庭的平衡被破坏，听起来是挺吓人的。

凯伦："我不知道该怎么做，不知道该说什么，也不知道该怎么告诉他们……"

我告诉凯伦，她根本不用担心应该如何告诉家人——母亲肯定会让大家知道发生了什么事。爱无能的母亲很可能会率先发出警报，并形容女儿"有病"或"行为反常"，以此寻求众人的支持来反对女儿。

凯伦："天哪，家里人肯定都会来责骂我。我不知道我阿姨会怎么想，但有些人肯定要发飙了。"

我建议她做好面对各种反应的准备——包括意想不到的积极反应。"你不知道谁会那么做，"我告诉她，"但你要记住，当你做的是对自己有利的事时，真正爱你的人还是会支持你。对于那些不支持你的人，你可以用非防御性的技巧来应对。"

女儿们经常会接到支持母亲的家人的电话，要求她道歉。亲戚们可能会严厉批评她。在宗教家庭里，他们可能会搬出类似于"要孝敬妈妈"的教义。他们可能会责怪她破坏家庭，或者说"你这是想要你妈妈的命。每天晚上，她都是哭着入睡"这样的话。

我提醒我的当事人，她们没有必要承受这些狂轰滥炸，也没有必要老老实实坐在那里挨训。她们承受得已经够多了。我会建议她们运用之前学会的沟通技巧，并用有效的非防御性回答来应对，比如"我知道你会这样想"和"你有权表达你的意见"。同时，我建议她们用以下这些声明：

- 这是我和妈妈的事。
- 我不想进行这次谈话。
- 这是我的决定，没有商量余地。
- 这个话题是禁区。如果你想和我说话，就说点别的。
- 我知道你很担心，但我并不想讨论这个问题。

尽管女儿不需要和每一位阿姨、叔叔及表亲讨论她的决定，但重要的是，她需要单独和直系亲属交流——比如父亲和兄弟姐妹，如果有的话——目的是让他们知道，她迈出这一步是为了保护自己的情感健康。你无法控制他们的反应，但我告诉我的当事人们，你可以要求他们不要偏帮一方。

凯伦："那类似生日派对和圣诞节这样的家庭聚会呢？我是不是要打电话问妈妈是否会参加？"

　　我："你有没有想过不参加呢？我知道这可能很难。但我认为，让你和妈妈同处一室，你会很难做，还可能会重新激活你努力消除的那些旧模式。

　　"记住，你正在试着建立新生活，那就把它彻底清理一遍。也许这样会让在你身边的人变少，但留下来的那些绝对是能帮你而不是害你的人。"

　　把信投递到邮箱里时，凯伦决定举行一个小小的仪式，她让未婚夫丹尼尔陪她一起。

　　凯伦："他搂着我，再次对我说他很爱我，为我做的事感到无比自豪。我哭了。我以为自己已经放下了悲伤，但似乎这需要时间。不过现在我觉得和丹尼尔之间更亲密了。这样做帮助真的挺大的。"

　　信寄出之后的几个礼拜里，如凯伦所预料的，有些亲戚愤怒地来电训斥，有些则直接上门，但不是所有人都表示难以置信或痛心疾首。

　　凯伦："我妈妈的妹妹梅格阿姨，之前我尤为担心的人，和她一起吃午饭时，我把自己的想法告诉她，我简直不敢相信她对我说的话。她伸出手搂着我，对我说：'我完全理解，亲爱的，你妈妈一直都是泼妇做派。'我忍不住笑了，我已经很久没笑了。我知道梅格阿姨会支持我。她一直都支持我。我不能说事情到此就顺利了，但知道她是真的爱我让我心里很安慰。梅格阿姨甚至答应会出席我的婚礼当傧相。"

和母亲断绝联系之后，女儿并不会突然就"从此过上幸福的生活"。我的许多当事人告诉我，她们感觉如释重负，非常自豪，但在一段时间里，几乎所有人的内心都曾饱受自我怀疑和愧疚的煎熬。心情起伏摇摆不定是很正常的。在一次和妹妹见面并被她极其粗暴地指责，说凯伦是在"让那个男人破坏家庭、摧毁妈妈"后，凯伦动摇了。

凯伦："我知道我没做错事。但看到大家都这么不高兴，我还是很难受。万一他们是对的，而我却犯了这辈子最大的错误怎么办？听到心底响起这个声音时，我知道这不是真的，但还是特别忐忑。有时候，做一个和妈妈断绝关系的人真的很难。"

我安慰凯伦这些疑虑都将会消除。"你要记住一点，你现在是在维护自己的自尊，坚持自己的本心，不久你就会明白这一切都是值得的。"我对她说，"你真的想回到过去那种生活，让妈妈不停地批评你和丹尼尔，以此安抚妹妹和其他家人吗？你无法改变妈妈，但你已经成功地改变了自己，你能做的就只有这些。这些反复猜疑的想法终将会消减。现在，时间是你最好的朋友。你不可能立刻就能感觉良好，但会一天一天慢慢好起来。"

我提醒她，家庭不仅仅是由血缘定义的——她会发现，家人是在她生命中能真正爱她、尊重她并珍惜她的人。

凯伦："你说的是对的。丹尼尔的家人一直待我很好，就像我是他们家收养的女儿一样。"

我："你看吧，你是有家的。你和丹尼尔也会有一个自己的家。"

女儿把她的决定传达给母亲之后，需要时间来让自己的新生活成型。我时常敦促我的当事人备好强有力的支持系统——不只是治疗师，还要有真正的朋友和支持你的家人，他们可以提醒你坚定自己想法的重要意义，并激励你即使遭遇极大的压力和反对也要坚持下去。"你会悲伤，你将不得不面对愧疚和各种不确定，"我告诉凯伦，"但是，痛苦会慢慢消失。你会感觉到，一种全新的健康生活在萌芽。"

第十四章

年老、生病或孤独：突然无法自理的母亲

——

"我得陪着她。毕竟，她是我的妈妈。"

为了治愈在成长过程中没有得到足够母爱的创伤，女儿们做了很多努力，而这些努力给她们带来巨大的助益：消极、愧疚和恐惧得到缓解；不再想要去取悦他人；生活由自己而非他人的渴望所驱动；身边的家人和朋友都真心爱她们并尊重她们；开始变得自信、变得勇敢。每天她们都在努力防止过去的旧模式重新掌控主权。但是，一旦那些努力变成新的生活方式，就无须担心会再受到过去那种生活方式的痛苦约束。

尽管如此，还是会有一些特殊情况，能轻易打乱女儿的阵脚，比如：母亲突然患病、衰弱或孤身一人。严峻的危机会重新撕开旧伤口，会瓦解女儿对母女关系所做的谨慎、自保的决定，会让过去那些不健康的行为模式重新出现，也会重新唤醒被女儿压在心底的渴望。

生活并非一成不变，挑战总是会出现，虽然本章很短，但我想让你认真地读完，思考并留作备用——某个时候，也许它真的会派上用场。它会帮助你不让自己的生活偏离轨道，并在面对可能的威胁时保护你的幸福。

黛博拉："妈妈患了癌症"

当母亲逐渐老去或者生活突然发生了天翻地覆的变化时，任何成年的女儿可能都很难界定自己对母亲的责任。而对一个小心翼翼地采取措施想要改变，甚至可能是断绝和爱无能母亲之间关系的女儿来说，界定责任的过程万分痛苦。当爱无能的母亲突然髋部骨折，或者患上恶疾，或者哭着打电话告诉你"你爸爸快不行了"，这时候，你该拿那些为了保护自己而谨慎设下的界限怎么办呢？

很容易就会倒退回去。面对需要帮助的母亲，对母亲设限的愧疚、对爱和认可的渴望都会重新涌上女儿的心头。可能在这之前，女儿已经竭尽心力地在努力重建自己的生活，让自己变得自信又独立。但即使她觉得自己已经是强大的独立个体，母亲的出现，尤其是陷入了麻烦的母亲，也会让过去的模式重现。每个女儿都希望可以化危为机——与死神的擦肩而过或巨大的悲痛能成为催化剂，让爱无能的母亲化去最恶劣的行为，让母女更加亲近。这种情况可能会出现。但由于后果的不确定性，在这种情况下，我总会这样建议我的当事人：可以怀有希望，可以把这个当成重新和母亲铸造关系的机会，但要谨慎。

黛博拉小时候动辄就被母亲打骂，因为担心自己对孩子的怒火会引发危险的后果，她曾来就诊。我们花了很多工夫消除她小时候遗留到现在的羞愧、痛苦、愤怒和有害的潜意识，接受治疗的时候，她决定只和母亲保持表面的联系。"我不想让孩子们彻底没有外婆——孩子们在她身上只看到了我从未看到过的美好的一面。所以我们偶尔会邀请她过来一起吃饭，谈论的话题也仅限于孩子。就只是这样。我和她不怎么来往。"结束治疗半年后，黛博拉在一封邮件里这样告诉我："现在，我觉得开心多了。我无法改变过去，但我觉得现在一切尚可。"

但几年后，一条她从母亲那里得到的消息改变了这一切。"你今天能抽点时间出来吗？"黛博拉打电话问我，"我需要和你见一面。"她在下班回家的时候顺便来了我的办公室。

黛博拉："昨晚我接到了妈妈的电话。她刚发现她得了乳腺癌。好像是二期，我不确定——他们在讨论淋巴结和化疗，还有……我的天哪，苏珊。我整晚都在网上查资料，想看看有哪些选择，我们需要做些什么。我的大脑停不下来，但因为太过担心她，我根本没法让自己的思路清晰。我有种可怕的感觉，觉得他们会发现更多……觉得她快要死了。"

"黛博拉，听到这个消息，我真的很难过。"我告诉她，"确实会有这种可能，你得做好准备。但你不能这么急，要一步一步来。把问题列成清单，去咨询你妈妈的医生，这样你就能掌握可靠的信息，踏出稳健的一步。另一步，就是要利用医院提供的疏导服务和支持。

"我了解你，知道你第一个冲动就是扔下一切，二十四小时陪着妈妈。但是你有丈夫，有三个年幼的孩子，还有一份前途光明的事业，显然你无法放弃其中的任何一样。所以，我们一起来看看，在不牺牲自己的前提下，你能给妈妈提供多少实际的照顾。"

无论遭受过多么严重的虐待，在母亲受到病痛折磨时，女儿很难不回到母亲身边照顾和陪伴。危机出现的头几天和头几个礼拜里，她可能会被许多问题、安排和强烈的情绪包围——有她自己的、有母亲的，还有家人的。她可能会头晕目眩，这在预料之中。母亲的需求会越来越多，她可能会越来越难专注于自己的生活。

但从一开始，女儿也要把自己的需要写进无休止的待办事项清单里，这很关键。谁能帮她完成任务？谁能和她分担，满足母亲不断新增的需求的责任？谁能给她情感上的支持？无论女儿是自认为还是被催眠而相信自己是唯一能有效处理问题的人，其实她是能得到帮助的。她必须把寻求帮助作为首要任务。

说永远比做要容易，通常情况是，很多女性在意识到自己有其他选择之前就已经崩溃。母亲的病情确诊之后，那几天黛博拉一直是浑浑噩噩的状态，比起休息和寻求帮助，对她来说，让自己疲于奔走精疲力竭要更容易。母亲接受治疗刚一个月，她就已经疲惫不堪了。

黛博拉："妈妈一切尚可，真是谢天谢地。他们说通过手术应该已经切除了所有的癌细胞，但现在她得做化疗，实在太折磨人了。对她来说那无异于酷刑，苏珊，所以我只能毫无怨言地照顾她。"

我问她最近一段时间所做的事，听起来她就像高速运转的齿轮一样。

黛博拉："可以说我每天要做的事情增加了好几件。送孩子们去上学，上班的路上绕过去看看妈妈，看她有什么需要，看她有没有吃东西。然后要给医生打电话，要自己搜索研究临床试验的结果，在这期间努力处理一些公事，如果妈妈要去医院，我要负责接送。接着，我要接孩子放学，回家做晚饭，为妈妈准备食物，然后送过去给她，再回来坐在电脑前向亲戚们汇报妈妈的最新情况……然后我会看能否继续完成白天没有做完的工作。我都不记得自己是怎么睡的觉。有些时候，自己的午饭也……"

这势必会对她有严重的影响，我对她说："光是听你说，我就觉得很累人了。"

黛博拉："我没什么可抱怨的。我很开心能陪着妈妈。看到我时，她很高兴，我知道我的出现让她在这个折磨人的过程中稍感安慰。她也是这么告诉我的，苏珊。她还说不想让陌生人在家里照顾她，她只想要我。我记得这是第一次，她对我说她爱我。"

黛博拉的眼里噙满泪水："我这一生都在等这句话。"

我："我知道。你应该把这句话深藏在心里。如果妈妈现在给你温暖、给你亲密、给你感激，那就接受并铭记吧。"

黛博拉："那正是我努力在做的。我知道也许不可能永远这样，但现在我觉得自己有了一直都想要的妈妈。"

对部分女儿而言，长久渴望的改变发生在母亲身上的感觉就像美梦成真，于是，她们通常需要很努力才会想起自己的新生活也要兼顾。

"你还撑得下去吗？"我问，"和我说说，你的家庭和工作都怎么样了。"

黛博拉："不太好。我估计本来明年会寄予厚望的一个客户要丢了，因为我没有按时给他们发计划书。孩子们开始发牢骚，说看见我的时间太少。杰瑞想支持我，但他心里很不满。他对我说了一些话，类似于，'你妈妈除了伤害你，什么都没做过，现在她突然变好了，因为她生病了。为什么你必须要去当那个冲锋陷阵满足她每个要求的人？'他认为我妹妹应该飞过来帮忙，并且妈妈应该雇一个人在家照顾她。

"我知道自己快撑不住了。上周，我得了重感冒，一点精神都没有。我知道不能再这样下去，毕竟自己也不是女超人……但她是我妈妈，而且这可能是我拥有妈妈的最后机会了。"

黛博拉当然不是唯一一能满足母亲需求的人。就像我跟她说的："你可以有自己的生活，你要告诉你妈妈，你会雇一个看护，或者你会分配合理的时间陪她，但你不会承担所有照顾她的责任。你不能再继续这样。"

黛博拉："我不知道该怎么办，苏珊。我不知道应该怎么考虑这些，我不想失去她。"

"但你也不能失去自己。"我对她说，"也许你能做的最重要的事，就是主动去寻求帮助。这将是你面临的最严峻的挑战之一。一方面，你妈妈病得很重，另一方面，你有自己的事业和家庭。你无法在做全职看护之后，还留有坚持下去所需要的精力和活力。如果你倒下了，那还怎么帮助你妈妈？

"我们一起想办法减轻你的负担吧，"我告诉她，"你可以少做一些，从其他渠道寻求帮助。你可以雇人帮忙，如果资金有困难，可以找妈妈的朋友或者同一个教会里的人帮忙。我觉得比起东奔西跑，你把时间花在寻找帮助上的效果会更好。"

我们罗列了一堆问题，让她逐一回答。母亲有哪些可以依靠的亲朋好友？谁能至少带她去做几次化疗和见医生？谁能在家帮她做饭并照顾她？我让她上网搜索信息，并联系母亲所在医院的支持小组。我告诉她，这样做会唤醒你理性的一面，写下"我需要什么／她需要什么／谁能帮忙"的列表并找帮手，是一个有用的过程，可以将让你手足无措的焦虑转化为找到解决方案的开始。

黛博拉："杰瑞也一直这样告诉我，我知道他会帮我的。但我很怕如果我减少陪她的时间，她会难过。"

最后，黛博拉找到了一家餐饮服务公司，它专为癌症病人配送膳食和零食，而且收费合理。她还找到了能带母亲去做几期化疗的志愿服务。母亲的积蓄可以支付餐饮公司的费用，当她能正常进食之后，可以选择公益机构的送餐服务。黛博拉也开始联系社区大学的学生，让他们在她母亲情况好转之前，帮着做一些接送和跑腿的事。

没有简单且一劳永逸的方法可以解决黛博拉所遇到的危机，但只要她承认自己没办法也不愿意独自承担照顾母亲的责任，她就能得到喘息的空间，也能找到解决问题的方向。

黛博拉："我觉得对我而言，最难的就是意识到自己无法解决所有的事情。我无法让她的身体好转，无法满足她的所有需求，也无法让她一直开心。她并不喜欢有这么多人牵扯进来，也不像之前那样经常笑或者经常对我说'我爱你'。她正饱受折磨，情绪也不稳定。上次我去看她的时候，她说：'晚上我感觉太糟糕了，你应该来陪我的。我讨厌有陌生人在这里。'我只能说：'我知道，妈妈，我已经尽力了。'有时，我觉得很内疚，因为我没法满足所有人的要求，但我只能做自己能做的事。"

"这就对了，"我告诉她，"照顾好自己并不是背弃妈妈。"

多少才足够？

女儿应该如何确定对母亲的责任的始终？这是一个沉重的话题。在危机面前，朋友和家人也许会言之凿凿地告诉你，他们知道对你和你母亲而言怎么做是正确的。但只有你才知道自己能处理哪些，以及怎么做才能保护自己的健康并让自己头脑清醒。母亲生病也好，父亲离世也好，都不是她行为不当的理由。尽管有很大的压力让你简单地去顺从她的需求，但这并不意味着你要忍受自己的生活被搅得一团糟。这种情况下，虽然艰难，但是你需要维护自己。

我不是建议你弃生病或突然需要帮助的母亲于不顾，但要帮助母亲，你得先判断自己能做什么并坚定立场。

如果她生病了，可能你能做的就是和她的医生交谈，帮她决定治疗方案，而不是二十四小时贴身照顾她。

如果父亲去世了，这之后的一个月时间里，你可能会有时间也愿意花很多时间去陪她，然后你应帮她找到其他的安慰和陪伴。

即便是在上面这些压力极大的情况下，你也要做对自己有益的事。就像你就母女关系第一次和妈妈谈判时一样，你必须顾及自己的需求和界限。然后，如果你愿意，你可以给母亲提供你能合理给予的最好的照顾和呵护。

坚守新的赋权

有时候，你可能承受着巨大的压力，要按照其他人对责任的理解和对女儿这一角色的定义来行事，而非你认为的最适合自己的方式。如果母亲正处于危机中，而你很难依照他人的期望将自己置于其中，那就借助你的坚定、你的非防御性沟通和你的界限。它们会给你时间和空间，让你维护自己的利益，并运用内在的智慧解决问题。

如果你仍然左右为难或心存愧疚，就想一想自己过去那些承诺无人兑现、需求无人顾及的日子。你被忽略的那个自己仍然在你心里，现在开始得到治愈是因为它最终看到你开始尊重它，以及你身上的无限潜力。每当你认为别人的需求比你的重要时，就提醒自己这一点。你的幸福需要你去这么做。

最终，和好母亲紧密相连

这是一段漫长而艰难的旅程。踏上这段旅程，意味着你加入了一个大家庭，这里的女性都背负着和爱无能的母亲一起生活所遗留的痛苦，而她们正在重新开展自己的生活。当你听从内心声音的指引而向前迈进，当你学会向其他人表达自己需求的生活技巧，你就能让生活折射出你自己真正的样子。

但你可能会像我的许多当事人一样仍有疑问：我该如何弥补自己缺失的母爱？若我没有得到健康的爱，我该如何给予他人尤其是我的孩子爱呢？

对悉心母爱的渴望永远不会消失。你经历的所有情绪处理都只是改进过程而非完美地解决问题，哪怕是治疗结束之后，母爱缺失的遗憾仍会浮上心头。但你开始能克制自己的痛苦——可能会觉得刺痛，但不会锥心刺骨。

幸运的是，其他人给予你的等同于母爱的能量，也能为你带来惊人的抚慰和滋养。还有许多人可以替代女儿所缺失的"好母亲"这一角色——祖父母、其他亲人、朋友、爱人，以及任何珍视你尊重你的人。他们的每一个微笑、每一句善意的话、每一个赞许的行为，都可以给你力量。

每个女儿体内都有一个好母亲，这是爱的源泉，能源源不断地滋养你成长，并把爱传递给你生命里重要的人。你可以通过多种渠道与这种温暖和关爱相连：观察你周围的母亲，改善你对"美好的爱"的看法；记住你被爱的那些情景，以及真心爱你的人；直接和身体里那个受伤的孩子交流，自己给自己提供缺失的母爱。在工作即将结束之际，让我们一起简要地看一下这些疗伤的选择。

通过观察好母亲受益

许多在成长过程中缺乏母爱的女性常会被一种恐惧折磨，她们曾经发誓绝不成为不爱孩子的母亲，但她们害怕自己有了孩子以后会莫名地变成那种母亲。当她们有了孩子并在养育过程中犯了错——其实每个母亲都必然有这种情况——她们就会确信自己注定要变得和自己母亲一样。而没有孩子的女性则担心自己会因为耳濡目染变得疏忽大意、苛刻、专横跋扈或黏人，从而会破坏和朋友、爱人之间的关系。

我想请你放心，你和你的母亲是截然不同的。你有自知之明，你有同理心，而这些她都没有。她可能会口出恶言或者惩罚他人，根本不考虑对方会受到多大的伤害。她可能会控制你、无视你或者虐待你。无论是何种行径，她都不可能会罔顾自己的需要和冲动，去考虑因此而对你造成的后果。但你也由此得到了一份意义重大的礼物：从理智上、从情感上，你都能知晓每个孩子和被爱的人应该及值得被怎样去对待。令人悲伤的是，你领悟的方式如此痛苦。

你自身拥有的抚育本能没有问题，你可以相信它们。如果你不确定，可以通过观察其他母亲和孩子来建立自信。

一直被母亲忽视的艾米丽渴望有自己的孩子，却担心自己"缺乏当妈妈的基因"。我们最后一次见面之后，艾米丽坚定地认为，情侣间相处应该更亲密，但她日益冷淡的男友乔希没法做到这一点。他们多次努力想要挽救这段感情，但最终还是决定分手。大约在我们再次见面的半年前，她通过朋友介绍交了一个新男友，现在她和男友的关系开始步入正轨。"我们甚至已经开始讨论结婚和要孩子的事了。"她告诉我。

艾米丽："我最大的症结是，我觉得自己……没有资格当妈妈。你怎么给予孩子你自身本就缺失的东西？我拒绝生了孩子却不能抚育好他/她。看看我成长的经历，我大概会把一切都弄糟。"

　　我安抚艾米丽，告诉她我们一起做过很多努力，因此她无须对养育孩子感到恐惧。她对该如何做一名母亲有着清楚的认知，这种意识正好可以引导她。

　　为了让她自己意识到这一点，我让她这周花一些时间观察身边的朋友、亲戚和陌生人是如何与孩子相处的。"观察好妈妈、没有耐心的妈妈以及愤怒的妈妈各自会有什么举动。"我对她说，"最优秀的妈妈会把注意力放在孩子身上，在游乐场里，她们会向玩攀爬架的孩子示意挥手，而不是时刻只顾着看手机。她们会保护孩子，但不会限制孩子。留意她们如何表扬和鼓励孩子去进行尝试，而不是要求他们一定要成功。注意她们如何管教孩子。如果孩子表现不好，她们会收回孩子的特权，但不会伤害孩子的自尊或是贬低他们。你完全可以区分出好妈妈和坏妈妈。记住，只要你能认出爱的行为，你就能模仿它。"

　　艾米丽采纳了我的建议，下一次见面的时候她把观察情况反馈给了我。

　　艾米丽："星期六早上，我去了我家附近公园里的游乐场，那里有很多妈妈。我一个人坐在长凳上，先是观察孩子们，他们都很可爱，快乐又精力充沛，也很吵！然后我开始观察妈妈们。很多妈妈显然人在心不在。我看到一个小女孩使出浑身解数爬到滑梯顶部，然后想要吸引妈妈的注意，但当她发现妈妈只顾着低头看手机时，小脸上满是失望。不过也有几位像我一样，似乎一直都在关注着孩子的妈妈。并不是说她们时刻都盯着孩子，她们就像是孩子的大本营一样，孩子们可以跑到跟前，和妈妈抱一抱，然后又跑开，开始自己的另一次探险。她们和孩子互动时的笑脸——我真的很爱那种感觉，我想成为那样的妈妈。"

我鼓励你把时间花在这件事上，去感悟、去吸收健康养育过程中的付出与收获。无论你有没有孩子，无论你的孩子年幼还是已成年，你都会从中受益，也能得到维持各种情感关系的助力。领会好母亲和孩子间的羁绊与自由、关注与肯定的结合，能加深你对你所了解的真正的爱的认知。

如果你正好在考虑要成为一位母亲，或者想变成一位更好的母亲，那我希望你能从各种现有的渠道中寻找适用于自己的方法。好的例子和潜在的导师就在你身边，无论你是在亲子博客上提问，还是和朋友的孩子一起去公园里玩，你都有机会感受母亲智慧的力量，以及孩子能为你的生活带来的活力。如果你只是在想象做母亲的感觉，那可以通过当邻居女儿慈爱的"阿姨"，或者陪二年级的小朋友完成野外考察活动来试试水。如果你已经成为母亲，请一定要和其他母亲进行交流。加入某个母亲群体，不要怕犯错，大胆主动地提出你的问题和关注点。你不需要独自一人挣扎奋斗。

记住那些真心爱你的人

真正的爱意味着珍视你、尊重你、包容你、鼓励你。它能给你安全感，让你认同真实的自己。可能母亲无法给你这样的爱，但你可以从其他人那里汲取。你也可以通过回忆被人珍爱的时光，让自己感受真正的爱。静坐下来，闭上双眼，重温回忆，那些感受就会随之而来。你也可以通过"好妈妈练习"来增强这一感觉，这种想象力练习可以让你快速感受真正的爱的力量。

这个练习是这样的：

选择一个安静舒适且不会被人打扰的地方，坐下来，回想在你的生命里言行举止符合好母亲形象的人。可能是你的阿姨，可能是你的老师，也可能是你的外婆——总之，是一个友善待你、尊重你、关心你的情感健康，并希望你能健康成长的人。闭上眼睛，想象自己是一个小女孩，此刻坐在沙滩上，波光粼粼的海浪温柔地拍打着沙滩。想象一下，你的好妈妈正朝你走来，她笑容满面，因为见到你，她的眼睛里洋溢着欣喜的光芒。她跑过来，一把把你抱起，你把头埋在她的肩膀上。你觉得被人呵护，你觉得很安全。待在那个地方，留住那种感觉，无论多久，只要你愿意。

现在，换你自己去扮演那位母亲。想象你正抱着那个小女孩——其实就是你——然后大声对她说："我爱你，甜心。你是我的宝贝。你是个好孩子。我很高兴你能做我女儿。因为有了你，我的生活变得更加充实。我真的很爱你。"

这些话，都是母亲应该对我们说的，但我们中极少有人听到过这些话。

第一次做这个练习时，我的许多当事人都会感受到内心的撕扯。我告诉她们，在家里反复练习，直到悲伤得到缓解。悲伤会减少的。潜意识是一块海绵，会吸收所有你传递过去的东西。多做"好妈妈练习"，你的脑海里和心里，容纳过去那些类似"你是个坏女孩，你做什么都是错的"的有害信息的空间就会减少。

你的潜意识不会认为，"我是在自言自语"。它会吸收所有的感受。归根究底，你是在重新养育自己，为自己提供缺失已久的母爱。

抚慰曾经伤痕累累的你

要想进一步重新养育自己，你可以给心里那个受伤的孩子写一封信。和"好妈妈练习"的想象力练习一样，这封信会挖掘你一直都有的好母亲的能量，进而抚慰那个曾经伤痕累累的自己。这封信应该直指过去的伤害，并说出你心里那个小女孩终其一生都在等待听到的话语。

你可以在这封信里，说出所有你希望母亲对你说的话。告诉她，现在她很安全，有人爱，你会一直陪在她身边。即使你没有也不打算要孩子，这封信仍然意义重大。你需要抚慰和肯定内心的自己，才不会无法独立，也不会绝望或害怕，然后才能慷慨地全情投入地去爱。

以下是艾米丽写的信的一部分。它很好地示范了如何重新养育儿时的自己，以此来同时抚慰童年的和已成年的自己。

亲爱的小艾米丽：

我很遗憾，你小时候没有被善待。我很遗憾，你妈妈对你很冷淡。我很遗憾，你从没被妈妈拥抱过。我很遗憾，你妈妈从没有和你一起做过快乐的事，无论是一起看书、一起吃饭，还是一起去看电影。如果我能当你的妈妈，我会每晚都帮你掖好被角，会给你一个吻，会告诉你我有多爱你，会告诉你对我而言你有多特别。我希望我能一直陪着你。我希望你能依偎在我温柔的怀抱里尽情哭泣，我温暖的双臂能圈着你，轻轻摇晃，并柔声对你说："乖，好孩子，我知道你很生气难过。没关系的，我亲爱的——哭出来吧。"

你给予内心的那个小女孩她渴望的爱越多，你能给予自己的伴侣、朋友、家人和孩子的爱也会越多。通过这样的方式，你不仅能改变自己，也能改变你周围的世界，还有下一代的生活。没必要害怕你竭尽全力带进自己生活里的爱是有限的，会退却或消失。爱就像信鸽——我们将它放飞，但它最终还是会飞回来。

正如你现在深刻认识到的，真正的爱不会让人觉得自己不值得被爱，觉得自己不够好，觉得好像自己哪里有问题。爱让人感觉温暖和安全。它会让你的生活变得更好，而不是更糟。

你完全可以感受这种关联。当你学会给予自己母亲无法给予你的母爱时，你就已经赋予了自己给予和接收你渴望已久的柔情和关爱的能力。你变了，也成长了。你可以去爱了。

致谢

我不喜欢冗长的致谢词，但这本书能完成，有几位重要的人功不可没，我必须要感谢她们。

我的天才写作搭档唐娜·弗雷泽，她一直是智慧和力量的源泉。这是我们合著的第四本书，我们不仅还保持联系，随着时间的推移，关系也越发亲近了。

我的勇士代理人，乔艾尔·德尔伯格，从担任我之前两本书的编辑开始，她就信任我，也信任我的作品。和我这个非常情绪化的作者相比，她真是一个相当沉着冷静的存在。

我的现任编辑，盖尔·温斯顿，这本书离不开她卓越的编辑能力和指导，对她，我万分感激。

就我个人而言，要感谢我的好女儿温迪，还有她的另一半詹姆斯·麦凯，感谢他们带给我温暖，让我的生活充满爱、幽默和坚定不移的支持。

最后，要由衷地感谢我的当事人们，谢谢她们能够和我分享她们的故事，并且勇敢地治愈母亲留下的伤口。

推荐阅读

Ackerman, Robert J. *Perfect Daughters: Adult Daughters of Alcoholics*. Deerfield Beach, FL: Health Communications, Inc., 2002.

Anderson, Susan. *Black Swan: The Twelve Lessons of Abandonment Recovery: Featuring the Allegory of the Little Girl on the Rock*. Huntington, NY: Rock Foundation Press, 1999.

Beattie, Melody. *Codependent No More: How to Stop Controlling Others and Start Caring For Yourself.* Center City, MN: Hazelden, 1986.

Brenner, Helene. *I Know I'm In There Somewhere: A Woman's Guide to Finding Her Inner Voice and Living a Life of Authenticity*. New York: Penguin, 2003.

Brown, Nina. *Children of the Self-Absorbed: A Grown-Up's Guide to Getting Over Narcissistic Parents.* Oakland, CA: New Harbinger Publications, Inc., 2008.

Collins, Bryn C. *Emotional Unavailability: Recognizing It, Understanding It, and Avoiding Its Trap*. New York: McGraw Hill, 1998.

Cori, Jasmin Lee. *The Emotionally Absent Mother: A Guide to Self-Healing and Getting the Love You Missed.* New York: The Experiment, 2010.

Engel, Beverly. *The Nice Girl Syndrome: Stop Being Manipulated and Abused—and Start Standing Up for Yourself.* Hoboken, NJ: John Wiley & Sons, 2010.

Fenchel, Gerd H., ed. *The Mother-Daughter Relationship: Echoes Through Time.* Northvale, NJ: Jason Aronson, Inc., 1998.

Forward, Susan, with Craig Buck. *Toxic Parents: Overcoming Their Hurtful Legacy and Reclaiming Your Life.* New York: Bantam, 1989.

Forward, Susan, with Donna Frazier. *Emotional Blackmail: When the People in Your Life Use Fear, Obligation, and Guilt to Manipulate You.* New York: HarperCollins, 1997.

Hotchkiss, Sandy. *Why Is It Always About You?: The Seven Deadly Sins of Narcissism.* New York: Free Press, 2003.

Lazarre, Jane. *The Mother Knot.* New York: McGraw-Hill, 1976.

Lerner, Harriet, PhD. *The Dance of Anger: A Woman's Guide to Changing the Patterns of Intimate Relationships.* New York: HarperCollins, 2005.

Love, Patricia, with Jo Robinson. *The Emotional Incest Syndrome: What to do When a Parent's Love Rules Your Life.* New York: Bantam, 1990.

Martinez-Lewi, Linda. *Freeing Yourself From the Narcissist in Your Life.* New York: Tarcher, 2008.

McBride, Karyl. *Will I Ever Be Good Enough?: Healing the Daughters of Narcissistic Mothers.* New York: Free Press, 2008.

Neuharth, Dan. *If You Had Controlling Parents: How to Make Peace With Your Past and Take Your Place in the World.* New York: Harper Perennial, 1999.

Secunda, Victoria. *When You and Your Mother Can't Be Friends: Resolving the Most Complicated Relationship of Your Life.* New York: Dell, 1990.

Solomon, Andrew. *The Noonday Demon: An Atlas of Depression.* New York: Scribner, 2002.

Spring, Janis Abrahms, PhD, with Michael Spring. *How Can I Forgive You?: The Courage to Forgive, the Freedom Not To.* New York: Perennial Currents, 2005.

Wegscheider-Cruse, Sharon. *Learning to Love Yourself: Finding Your Self-Worth.* Deerfield Beach, FL: Health Communications, Inc., 2012.